灵动的玻璃

取悦自己的无限种可能

11种妙用方法
×
基础知识
×
50个制作者·品牌

暮らしの図鑑
ガラス

[日]三津间智子 著

温烜 译

中信出版集团 | 北京

图书在版编目（CIP）数据

灵动的玻璃 /（日）三津间智子著；温烜译. -- 北京：中信出版社，2023.3
（取悦自己的无限种可能）
ISBN 978-7-5217-5206-9

I. ①灵… II. ①三… ②温… III. ①玻璃－生产工艺 IV. ①TQ171.6

中国国家版本馆CIP数据核字（2023）第 022232 号

暮らしの図鑑 ガラス
(Kurashi no Zukan Glass : 6487-8)
©2020 Tomoko Mitsuma
Original Japanese edition published by SHOEISHA Co.,Ltd.
Simplified Chinese Character translation rights arranged with SHOEISHA Co.,Ltd.
through Japan Creative Agency Inc.
Simplified Chinese Character translation copyright ©2023 by CITIC Press Corporation.
ALL RIGHTS RESERVED
本书仅限中国大陆地区发行销售

装帧·设计　山城由（surmometer inc.）
插画　　　サカガミクミコ
摄影　　　安井真喜子
文（基础知识）　石岛隆子
编辑　　　山田文惠

灵动的玻璃
著者：　　［日］三津间智子
译者：　　温烜
出版发行：中信出版集团股份有限公司
　　　　（北京市朝阳区东三环北路 27 号嘉铭中心　邮编　100020）
承印者：　北京启航东方印刷有限公司

开本：880mm×1230mm　1/32　　　印张：7　　字数：65 千字
版次：2023 年 3 月第 1 版　　　　印次：2023 年 3 月第 1 次印刷
京权图字：01–2023–0641　　　　　书号：ISBN 978–7–5217–5206–9
定价：72.00 元

序言

构成我们生活的有多种事物。亲手挑选物品可以让我们每天的生活绚丽多彩。

"取悦自己的无限种可能"系列图书甄选精致事物，只为渴望独特生活风格的人们。此系列生动地总结了使用这些物品的创意，以及让挑选物品变得有趣的基础知识。

此系列并不墨守成规，对于探寻独具个人风格事物，极具启迪意义。

这一册的主题是"玻璃"。衣、食、住、行……在我们的生活中，有太多接触玻璃制品的机会，本书将介绍出自制作者之手的手工器皿、花瓶以及小物件等，带大家领略玻璃制品的魅力与乐趣。

目录

第一部分

与玻璃共同生活

第二部分

让人爱不释手的玻璃制品
制作者·品牌 50 个（前篇）

第二部分

让人爱不释手的玻璃制品
制作者·品牌 50 个（后篇）

专栏

透明而澄澈的玻璃制品，
在我们的生活中随处可见而不失存在感。
有光就投下阴影，透明中也有颜色，
或薄或厚的质感；
歪歪扭扭的形态也很美，端庄精巧的形态也很美。
千姿百态的玻璃制品各具特色。

我的工作是杂物的造型与陈列，
玻璃是其中的常客。
我喜欢玻璃，
当苦恼于造型不尽如人意时，
我便会尝试在其中加入一件玻璃制品。
当想要展示其他物件时，我也会以一件玻璃制品为陪衬，
这样能够帮助我做造型，让玻璃与其他物件相映成趣。

这份经验能够灵活运用到我们的生活中。
在电脑旁边，放一件装着百花香料的玻璃制品，
当玻璃的影子随着光线变化，
你会发现，一件玻璃制品便能让电脑周围冰冷的氛围变得生动。

这本书中，我总结了玻璃的魅力，希望将它送给所有读者。

请享受玻璃带给大家的欢愉吧！

三津间智子

盘子/黑川登纪子、fresco、有永浩太

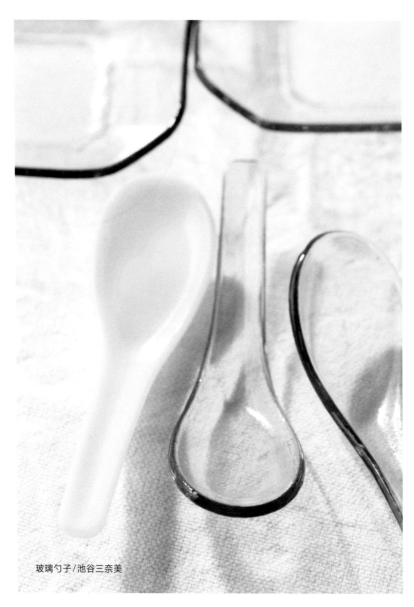

玻璃勺子/池谷三奈美

玻璃用具 / ICHENDORF

第一部分

与玻璃共同生活

硬而透明的玻璃，却不知为何触手温润。
这个章节中将会介绍一些小方法，让玻璃的特色与魅力在生活中绽放。
试着让玻璃融入衣食住行，以及生活的方方面面吧！

在餐桌上放一些玻璃器皿。
玻璃器皿不仅可以盛饮料，还有许许多多妙用。

Food

Eat

Tableware

要想让玻璃的影子变得更具观赏性，最好铺上
一张白色的桌布，白色桌布能够凸显玻璃颜色
和形状的不同，让光影变得更丰富。

琥珀 平底盘·杯子/有永浩太

coordination

在餐桌上多放几件玻璃制品

玻璃器皿让餐桌变得和谐

　　说起玻璃器皿，首先浮现在脑海中的便是大小不一的杯子。我们从小就对玻璃器皿再熟悉不过，无论是谁，家里都少不了玻璃杯子。但正因为人们对玻璃杯太过熟悉，所以思维会被限制，认为玻璃器皿只能在夏天使用。但实际上，玻璃器皿不是只能在夏天发挥价值。拿我自己家来说，一年四季，几乎每天都会将玻璃器皿摆到餐桌上。在使用的过程中，我也渐渐发掘出玻璃器皿的一些新功能，以及如何摆放玻璃制品会显得更和谐的小窍门。在此，我想向读者们介绍一些我每天都在实践的关于使用玻璃制品的诀窍。当光线透过玻璃制品，在餐桌上投下淡淡的影子时，你会感到玻璃制品的身姿如此美妙。挑选一些你喜欢的玻璃器皿，将它们组合起来，尽量发挥它们的特征和形状优势，让餐桌变得更和谐吧！

与其他材质的器具搭配

　　将玻璃制品与陶器、瓷器、木制砧板、餐具、艺术品等其他材质的物件搭配起来，能够凸显玻璃的透明感，使桌面变得更和谐。还推荐将玻璃制品与棉或麻等材质的布料搭配，这样能够增加感观的柔和度，使入目的场景变得更精致。

将水杯和茶杯用作小碗

　　有人会用茶杯盛饮料和甜品，但其实茶杯还有一种用法，就是当作小碗使用。事实上，茶杯特别适合当作小碗使用。尝试一下吧，它会成为你餐桌上的常客。譬如说，用茶杯装小块豆腐，再在其上点缀香草，加点橄榄油和盐。这道简单的小菜也能变得时髦起来。

迷你高脚杯可以用来盛开胃菜。高脚杯有着优美的形状，甚至不需要精心摆盘，随意盛就显得很动人。将开胃菜放在杯子里，餐桌就像在餐馆一般，还可以再配上一把小勺子。

这种异形小碗可以用来盛颜色鲜艳的配菜。虽然玻璃给人一种西式的感觉，但其实用来盛日本料理也很完美。用这种小碗装些牛蒡等常见小菜，会带给人不同的感受。

用染色玻璃制成的小碟子来盛酱汁，再叠放在象牙白的盘子上。下方盘子中反射出淡粉色的影子。想要将调味品、酱汁等调味料分开盛放的时候，或者想要避免料理串味的时候可以采用这种方法。

盘子 花影/境田亚希

将玻璃盘子叠放使用

用不同质感、尺寸的盘子组合出你喜欢的搭配

　　玻璃器皿中最推荐入手的是玻璃盘子。玻璃盘子的表面能够凸显玻璃材质的质感，让你更加容易感受到玻璃特有的韵味——一定要尝试将盘子叠放起来使用。

　　通过将不同的玻璃盘子或者玻璃与其他材质的盘子叠放起来使用，能够让餐桌外观的和谐感再上一个台阶。玻璃制品最大的魅力就在于能够巧妙利用透明感，堆叠盘子的时候，请注意尺寸和颜色。

　　盘子的尺寸分为小、中、大三种，其中，小号的盘子可以搭配大号的盘子。搭配的重点在于不要将尺寸相近的盘子叠起来。

　　此外，色彩搭配也很重要。透明盘子最好搭配其他透明用具。而为了使染色玻璃淡雅的色彩显得更鲜活，可以搭配白色的盘子。

尺寸：西式餐具中有 23~27 厘米，被称作主餐盘的大盘，而 21 厘米上下的被称作甜品盘，18 厘米左右的被称作蛋糕盘。

　　将两个透明的盘子叠放起来，间隙夹上花或者绿叶，正是由于玻璃特有的透明感，才能做到这种独特的摆盘方式。你若不希望植物直接接触菜肴或者点心，可以通过使用玻璃器皿达到这种装饰效果。将附有长长的茎或细细枝条的植物，沿着盘子的边缘夹住吧。

　　在青色的玻璃盘子上，放上一个质感朴素的烧制陶碗。这两种材质乍看实在不搭，但是玻璃的透明感能让它们巧妙地融合在一起。日料、中餐、西餐……这种搭配可以盛放各种菜肴。

temperature

用玻璃器皿品味冷热

透明材质特有的功能，能够品味冷热的用法

通常我们会觉得玻璃材质给人一种清凉的感觉，但事实上，玻璃也是有温度的。

许多人都使用耐热玻璃制成的碗或者杯子，这种材质的器皿能够用于焗烤或者烘焙等方式制作烤箱料理，还可以用来泡咖啡。

玻璃作为一种器皿材质，具有透明而不透热的特性。因此在进餐时，玻璃器皿特别能够让人感受到食物的冷暖。

让我们在感受食物温度的同时，也感受我们日常使用的玻璃器皿乃至耐热玻璃器皿的材质吧。炎热的夏天里，可以用它们来盛冷饮、酒或者甜点。玻璃表面结出的露珠能够让人联想到清凉口感。寒冷的季节，可以用它们来盛热茶，杯子内侧腾起的雾气让人心暖。

耐热玻璃： 硼硅酸玻璃。一种热膨胀指数低，即便温度急剧变化也不容易开裂的玻璃。根据制作方法不同，厚度和强度各有差异。详情参见第 137 页。

工艺花茶是中国茶的一种，通过精细的步骤，将茶叶用绳子捆扎起来。注入热水后，茶叶会被泡开。想要欣赏工艺花茶泡开的过程，玻璃茶杯是最适合的器具。将茶叶和热水倒进耐热玻璃制的马克杯或者水杯中，就可以欣赏茶叶绽放的过程。

使用玻璃制的滴滤咖啡杯，能够欣赏咖啡慢慢滤下来的过程。滤杯慢慢被咖啡浸染，咖啡滴滴滤出，玻璃杯内侧附着的水滴……使用玻璃滴滤咖啡杯，让制作咖啡的全过程都变成了一种享受。

托盘可以采用珐琅或者铸铁材质，但是盛热气腾腾的烤箱料理，最推荐的还是玻璃材质的器皿。玻璃器皿能够为你的餐桌添上几分温暖和轻松。用玻璃器皿既可以将料理集中做好后分开盛装，也可以一次只盛一人份菜肴。

能够看到盛的食物的截面，这也是使用玻璃器皿的一大乐趣所在。用玻璃器皿盛食物，或者制作克拉芙缇等点心的时候，能够欣赏到食材的分层。玻璃器皿能够让人感受到身处咖啡馆一般的轻松氛围。

冰镇啤酒与玻璃杯是绝配，如果用专门的啤酒杯，就更契合了。玻璃啤酒杯能够激发出世涛啤酒特有的麦芽风味，同时还能够调和啤酒的馥郁香味和苦涩口感。

"手工啤酒杯" 世涛 /SPIEGELAU

用玻璃清酒壶或者清酒杯盛冰镇清酒，能够增加冰镇清酒的清凉风味。如果在玻璃碗中装上冰块，再将玻璃清酒壶放进冰块中，清酒降温的过程更是夏日黄昏中绝妙的清凉演出。再辅以带有蕾丝纹样的清酒杯，会使透明的清酒看起来更加美好。

清酒杯 / Sghr 须贺原

喇叭口碗 / 河上智美

白色蕾丝清酒杯 /Akino Youko

wine glass

打造自己的品酒风格

为美味的葡萄酒挑选葡萄酒杯

　　喝葡萄酒时，如果能用喜欢的玻璃杯，就更能增添几分优雅。不过似乎许多人有这样的顾虑：葡萄酒的世界博大精深，选择酒杯似乎也不是一件容易的事。葡萄酒杯原本是欧美成套餐具（dinner set）中的一部分，是以餐桌搭配为第一考虑的。为了使人们更好地享受葡萄酒的味道，老牌葡萄酒杯生产商醴铎（RIEDEL）在制造酒杯时，既考虑了酒杯的形状性能，又注重酒杯与葡萄酒风味的搭配。

　　接下来的篇幅中，我们邀请善于根据葡萄种类、葡萄酒的风味制作不同葡萄酒杯的醴铎为我们介绍关于葡萄酒杯的知识。

Dinner set：西式餐具中，在正餐时使用的、外形和标识统一的餐具套装。

给新手挑选葡萄酒杯的建议

葡萄酒杯由杯身、杯脚、杯座三个部分构成。

其中，决定一只酒杯性能和特色的部分是杯身。根据杯身形状、尺寸乃至口径的不同，葡萄酒的香气、口感、风味乃至余味都会发生变化。

为了让大家平时在家也能享受葡萄酒的美味，这里介绍三个挑选葡萄酒杯的方法。

首先是根据要装的是白葡萄酒还是红葡萄酒来挑选酒杯，其次是根据酒杯的形状挑选，最后则推荐给那些只想买一个葡萄酒杯的人，挑选万用葡萄酒杯的方法。

挑选方法 1

区分红葡萄酒和白葡萄酒

根据葡萄酒的最大区别——是红葡萄酒还是白葡萄酒——挑选葡萄酒杯。

这种挑选方式不用纠结于葡萄酒的产地以及葡萄的品种，因此新手也能够掌握。

醴铎的 "ouverture" 系列是一个对入门者友好，且容易挑选的系列。

可以先入手系列中专为红葡萄酒、白葡萄酒准备的两种酒杯。这个系列中还有专门的香槟酒杯。

素材提供：RIEDEL https://www.riedel.co.jp/

挑选方法 2

根据葡萄酒杯的形状挑选

1

涩味较重的
红葡萄酒

酒体饱满、涩味强，应
当选择口径大，杯身曲
线平滑的酒杯。酒体饱
满型红葡萄酒的代表有
赤霞珠、梅洛等。

1.5

涩味均衡的
红葡萄酒

这类红葡萄酒酸味与涩
味较均衡，适合选用外
形介于 1 和 2 之间的
酒杯。代表的酒种是西
拉子。

2

酸味较强的
红葡萄酒

几乎没有涩味，拥有强
烈酸味的红葡萄酒，适
合用杯身较大的酒杯。
这类红葡萄酒的代表有
皮诺、诺瓦等。

酒体：指红葡萄酒的口味浓厚程度，由重到轻分为酒体饱满型、酒体中等型、酒体轻盈型。

推荐喜欢葡萄酒，希望用葡萄酒佐餐的人搜集各种不同形状的酒杯。

第 24~25 页的内容中将葡萄酒分为六类，

分别介绍了适合搭配每种酒的酒杯。

一起拓宽看葡萄酒的视野吧！

3	**4**	**5**
清爽辛辣型 白葡萄酒	口感浓郁的熟成 白葡萄酒	香槟与 起泡葡萄酒

口味清爽辛辣的白葡萄酒，适合搭配杯体深而细长的葡萄酒杯，这类葡萄酒的代表有雷司令、长相思、霞多丽等。

这类葡萄酒有些许柔和的酸味和浓郁的果实味道，适合搭配形体丰满、杯口宽广的酒杯。代表品种有使用橡木桶熟成的橡木霞多丽等。

绵密的起泡、馥郁的酒香与高雅的酸味在这款酒杯中融为一体，这类葡萄酒的代表有香槟、卡瓦和起泡酒。

"Riedel Veritas" 旧世界西拉／醴铎

能够适配所有葡萄酒的酒杯

酒杯的收纳和保养同样是个问题，
因此，想必很多人不会买许多葡萄酒杯，
只想买一只酒杯，哪种比较合适呢？
当数第 24 页所介绍的 1.5 酒杯。
也就是适合由法国原产的酿酒葡萄品种"西拉"
所制成的"旧世界西拉"的这款酒杯。
这款酒杯无论装哪种葡萄酒都不错，可以说是入门款。
它最适合用来喝涩味与果味均衡，酒体中等型红葡萄酒，
正因如此，这款酒杯也能够激发出各种葡萄酒的个性，
可以说是一款万能酒杯。

西拉有两种，一种产自原产地法国的罗纳河流域，另一种则是传入澳大利亚后在当地发展起来的品种，被人们称作"西拉子"。醴铎依照所谓的"旧世界西拉"和"新世界西拉"的区别，制作了不同的酒杯，既有比较平价的机器制品，也有高级的手工制品，甚至有没有杯脚的类型。

葡萄酒杯的保养方法

虽然不必担心葡萄酒杯材质薄、体型纤细的问题，但想要长时间使用，还是需要知道一些保养的方法。

学会正确的清洗、擦拭方式，能够有效防止酒杯破损。

清洗

如果杯子沾上了油渍或者污渍，可以在柔软的海绵上涂上食用级中性清洗剂轻轻清洗。

用海绵包裹杯身的部分，清洗杯口薄的部分时不要用力，要轻轻地洗。

用流水或者温水洗涤，轻微污渍不用清洗剂，用 40 摄氏度左右的温水清洗就能将污渍大体洗净。

清洗、擦拭杯子时，注意不要让杯子撞到水龙头，这是葡萄酒杯意外破损的常见原因之一。

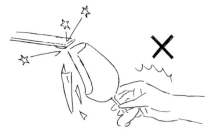

擦拭

擦拭酒杯时请用麻布等不容易起毛的布料，尺寸以双手不会直接接触到杯子为宜。首先，用布包住杯座，擦拭杯脚和杯座。

其次，用布包住杯身下半部分，再用手握住杯身底部，另一只手擦拭杯身外侧，再将布轻轻探进杯身内侧，轻柔地擦拭。

千万不要单手握住杯座，另一只手握住杯身用力旋转擦拭。此外，清洗后直接将还残留着水滴的杯子放在托盘上晾干，会导致杯子出现污垢或者水渍。因此，杯子清洗后请尽快擦干。

收纳

酒杯最稳定的状态是向上放置时的状态，请不要把它反转过来收纳。也可以将杯子挂在杯架上，不过这么放的话请保证你的酒杯远离灶台，以免沾上油污。搬家时可以用报纸把杯子包起来搬运，请在搬完家后尽快取下来，不然会使杯子沾上油墨。

香槟杯的形状变迁史

要说葡萄酒杯外形变化最大的，当数香槟杯了。

直到 18 世纪，香槟都是使用一种叫作"碟形杯"（Coupé）的广口浅底杯子来盛的。这是因为当时的香槟味道甜美，是用来搭配甜点等佐餐的。此后，为了更好地欣赏香槟起泡，人们改用一种名为"笛形杯"（flute）的细长酒杯，这种酒杯能够让饮用者欣赏到香槟的气泡从底部冒上来的过程。现在，为了进一步激发香槟的风味，人们又采用了另一种杯子，即第 25 页中介绍的杯子 5。这种杯子不但能让人欣赏香槟起泡的过程，还能很好地激发香槟原本的风味。香槟不仅是一种"庆祝时用的起泡酒"，也是葡萄酒中独特的一种。

香槟：原产于法国香槟地区的起泡葡萄酒，其他酒如果使用香槟这个名字需要经过认证。

生产贴合葡萄酒特性的酒杯

    葡萄酒杯能够体现葡萄酒的香味与口感等特性，如果挑选的杯子与葡萄酒的特性不合，就很难品味到葡萄酒最纯正的风味。

    生产酒杯时，人们通过使用不同的杯坯反复品酒，来确定最适合某一种酒特性的杯子形状。

    要确定一种杯子的形状，通常需要花费 2~3 年时间，由超过 100 人试品。

    除了葡萄酒杯，我们还与清酒厂商一起定制最适合品大吟酿和纯米酒等清酒的杯具。喝酒时使用的杯子形状不同，同一种葡萄酒也可能品出不同的风味。有时候一款酒口感不佳，可能是因为挑选的杯子不适合。以葡萄酒为契机，尝试着寻找契合各种饮品特性的杯子吧，这将会拓宽你对饮品本身的认知。

salad

玻璃制品让沙拉更美味

与器皿相衬的沙拉摆盘

为什么不试试怀着插花一样的心情来装饰蔬菜，尝试沙拉摆盘呢？这样做出来的沙拉既养眼又养生。

玻璃器皿与沙拉相衬，即便从侧面看，也能看到盛在玻璃器皿里的蔬菜和其他沙拉食材，更能显出蔬菜的新鲜。

具体来说，怎样的沙拉应当搭配怎样的玻璃器皿呢？针对这个问题，我建议换一个角度思考，不要想着用器皿来搭配沙拉，而应想通过摆盘方式来搭配器皿。从这个角度思考问题，甚至能让你想出新的菜式或者摆盘方式。

大口径的碗、日常用于盛饮料的杯子、带盖的罐子、制作精美的盘子……通过将各种意想不到的器皿与沙拉搭配，能够产生意外的灵感。

重新审视手中的器皿，配合它们的造型，制作沙拉试试吧！

在有着布一样纹理的方形盘子里装上蔬菜，看上去就如同在画布上描绘出一幅画作。在盘子中心营造出落差感，然后再以作画般的手法摆放蔬菜，最后像用画笔涂抹颜料一样淋上酱汁。

BOSSA NOVA 方形盘 / 奈赫曼

玻璃制的碗不仅能用作料理工具，也能用作盛放沙拉的器皿。将各种蔬菜和香草手撕成容易入口的大小，大胆地装进碗里吧！这种风格的摆盘让人愉悦，摆盘的重点在于沥干叶片上的水。

使用玻璃杯子，将蔬菜按种类分层摆放，就能做出一份侧面看上去五彩缤纷的沙拉。绿、红、白、黄……这样摆盘的乐趣不只在于色彩丰富，更在于达到浓淡相宜的视觉效果。先将蔬菜切成小片再摆盘会更轻松。

选用边缘凸起的薄玻璃碗。将大小不同的碗叠放起来，在小碗中放入酱汁，两个碗中间的空隙用来盛蔬菜或者冰草，这样摆盘的沙拉看起来如同花环，能为餐桌添加一些华美感。

水晶玻璃碗 S·L / yumiko iihoshi porcelain

parfait

巧用玻璃杯在家做圣代

随意挥洒，在杯子里装上喜欢的东西

圣代是一种大人小孩都很喜欢的甜点。让人怀念的咖啡店圣代、水果店里的水果圣代、糕点店里的精致圣代……还有法式布丁圣代和冰激凌圣代都是圣代中的一员。

提起圣代，大家都会想到专用的玻璃圣代杯，但实际上，普通的杯子也可以用来制作圣代。挑选一个你喜欢的杯子，随性地制作一份吧！

只需要冰激凌、奶酪、水果、小蛋糕等家中常备或者便利店中随处可以买到的材料，就能够轻松地制作圣代。普通茶杯、高脚杯、细长高脚杯……你可以用各种杯子制作，接下来就为大家介绍一些根据杯子形状制作圣代的方法。

为什么不试试今晚就做一份圣代当点心呢？

1
布丁圣代

葡萄酒杯 / yumiko iihoshi porcelain

2

巧克力圣代

水晶玻璃甜品杯 L / yumiko iihoshi porcelain

3

成熟风紫色圣代

4

简单草莓圣代

滚滚猕猴桃圣代

水晶玻璃碟形杯 S / yumiko iihoshi porcelain

1 布丁圣代

为什么不试试在杯身较深、杯口径略大的杯子中放一枚布丁呢？这种杯子稳定性良好，用于制作圣代时，在最上方放布丁等稍有些重量的点心也完全不会影响造型。将香蕉等水果切成薄片，贴在杯身内侧周围，能够从外侧看到水果的切面，看起来很可爱。中间部分可以放入雪糕或者冰激凌，作为布丁的基底使用。

2 巧克力圣代

在底部圆润而杯身较深的甜品杯里，随意放一些冰激凌，看起来就很不错，这种杯子握持、使用都很方便。可以放入几种不同的茶色系冰激凌来做出渐变色的效果。可以再撒上一些巧克力曲奇或者饼干碎，增加观赏性并点缀风味。

3 成熟风紫色圣代

细长的笛形杯给人一种只能用来喝酒的印象，但实际上，它们与圣代搭配起来也很和谐。这种杯子杯身细长，尤其适合用来表现谷物、水果、酸奶、果子露等材料的分层效果。再加入透明果冻，更能给人一种与众不同的精致感。

4 简单草莓圣代

只需要一个日用的没有杯脚的杯子就能够轻松制作的圣代。因为制作工序简单，只需要将草莓、奶酪、谷物等组合在一起就能做成，哪怕是早上最忙的时间段也能够随手做一个，一会儿工夫就能换来视觉与味觉上的双重享受。将草莓的切面朝向外侧，还可以再淋上一些蜂蜜，就能制作一份广受喜爱的草莓圣代。

5 滚滚猕猴桃圣代

矮脚杯造型可爱，因为杯身较浅，所以摆盘时可以留出些高度，突出可爱的特征。将果冻和冰激凌叠放后，再摆上一些球形的猕猴桃。将猕猴桃削得圆而小一些，能让整个圣代看起来更可爱。

Furniture

Flower

Interior

摆放、排列、悬挂。
接下来为大家介绍用玻璃制品装饰房间的方法。

decoration

用玻璃制品装饰

玻璃制品在任何场所都能熠熠生辉

玻璃因其透明的材质，给人一种易碎的印象，但又因为具有良好的透光性，所以放置玻璃制品的地方，一般都会显得更加优雅、光彩夺目。

玻璃制品能够装饰任何空间，并成为空间中的焦点。这也是我无论在日常还是在工作中都希望用些玻璃来装饰的原因。

玄关、窗边、厨房、卧室……

陈设、悬挂、排列，或者在展示柜中展现……

通常，人们会觉得用玻璃制品装饰比较困难。其实，你只需要自由地发挥想象力，将你喜欢的玻璃制品随意摆放就好。玻璃制品被来自窗外或者电灯的光线照耀，折射出美好的身姿，从而成为房间中的焦点。

喜欢的玻璃物件可以随手放在书架的空隙中或者玄关的鞋柜上空出来的地方。视觉效果自不必说，它们可爱的外观让人一眼望去便想拿起来把玩。玻璃制品因其透明的特性，不会给人压迫感，配合摆件的颜色，调整周围的色调，能够得到和谐统一感。

装饰品 苹果 / Sghr 须贺原

Anu Tuominen thinkables

如果家里面有展示柜，请务必试试将玻璃物件放进展示柜中。以玻璃物件作为主体，布置展示柜，用藤编物件或者木制品与之组合起来，能够营造出一种清凉而柔和的感觉。也可以将有色玻璃、透明玻璃和不透明玻璃搭配起来。总而言之，搭配的重点是错落有致。

玻璃作品/ICHENDORF、有永浩太、河上智美、亨利·迪恩、FLASKA、Sghr 须贺原

图中红色渐变色的玻璃制品是绝佳的圣诞装饰
品。如此可爱的外观，只用来装饰圣诞树实在
太浪费了，请务必试试把它们挂在天花板上，
让它们在平日里也发挥装饰作用。这一个个吹
制而成的玻璃制品有着简约而富有魅力的外
观，只看一眼就能够给人带来愉悦的心情。

装饰球 5 个装 / 伊塔拉

　　许多玻璃装饰品都会让人有将它们挂起来的欲望。比如说室内装潢中必不可少的电灯，可以采用手工制作的玻璃吊灯，只需要打开开关，在摇曳的灯光中，吊灯本身便有着难以言喻的美感。还有玻璃制的气生植物悬挂底座，把它挂在窗边，其中的植物会有一种"空悬无所依"的风情。悬挂装饰法可以节省空间，适合在狭窄的房间中使用。

将玻璃制品分排摆放，实现透明轮廓交错重叠的视觉效果

　　如果你已经搜集了不少喜欢的玻璃物件，请一定要尝试通过排列的方法让它们成为装饰。玻璃瓶、玻璃杯、花瓶、小物件……将玻璃制品都整理排列在架子的一层中。

　　将玻璃物件按照色调大致整理起来，摆放的时候可以做出一些高低落差感。既可以将玻璃按照薄厚、新旧分类整理，也可以杂乱地摆放。透明玻璃的轮廓会重叠交错，给人以装置艺术品一样的感觉，极富存在感。

　　也可以不用一整层架子来摆放玻璃制品，只将玻璃制品摆到一角，又或者放到玄关前，都能给人以深刻的印象。

　　在我家的厨房里有一个兼具收纳功能的展示柜，这个柜子是厨房的焦点。

介绍一个实用的小点子：可以用玻璃瓶来收纳容易显得杂乱的厨具。玻璃是透明的，因此这样收纳不会让人感到视觉上的压迫感。最好将餐具按照材质分门别类放进不同的瓶子中，这样能够给人以整洁的印象。

夜间的直筒玻璃罐 / 左藤玲朗

container

将物件放到玻璃容器里面展示

玻璃容器也能成为小橱窗

我从事展览工作，经常会有用玻璃柜来展示商品的机会，大到橱窗，小到玻璃陈列柜。

透过玻璃看到的东西仿佛都与它们原本的模样不同，一切都变得熠熠生辉，有着极佳的视觉效果。当然，能够让里面的物品看起来更加完美，也是玻璃的功效。

玻璃小物件也可以采用这样的方法，不要任意放在房间里，试着将它们放在透明的玻璃容器中吧！这样可以通过玻璃的透明度优化物件的观感。

配饰、照片、蜡烛、灯具等东西都可以放进玻璃容器中展示。想想你要将什么东西放进你最喜欢的玻璃容器里也是一种乐趣。根据季节或者摆放空间，立即选一些物件尝试一下吧！

　　百花香可以放进一个外观略沉稳的碗中，放在玄关或者房间的入口。如此一来，一进门就能感到香味扑鼻，不只对主人，对客人也很友好。黑色的格子图案不会给人过于轻浮的感觉，玻璃是一种不会沾上气味或者味道的材料，因此，即便用它来盛有气味的物品，也不会妨碍之后将它用作别的用途。

穆里尼　碗 / 生岛明水

将同种香味的香薰蜡烛放进一个圆玻璃罩子里，也可以在罩子里放几根小蜡烛。

　　透明的玻璃瓶能当相框使用，甚至比相框更可爱，试试把照片放进透明的瓶子里吧！

　　将打印好的照片裁剪成适合瓶子的大小，然后将它们卷起来放进瓶子里，照片会在瓶子里自动展开。可以不用厚而有光泽的相纸，直接用普通复印纸打印，这样更容易将它放进玻璃瓶里。

　　经常使用的配饰也可以放在玻璃容器里，既能装饰也是收纳的好方法。项链可以斜挂在广口罐的外侧开口处，既容易拿取，也兼具观赏性。耳环戒指等小物件，可以放在带脚的玻璃盘上。

将挂在圣诞树上的装饰品放进玻璃罐中，能够增添稳重的气息。还可以将小商店里常见的圣诞装饰灯一起放进去，周围一下子就明亮闪耀了。家里没有空间放圣诞树的人可以采用这种简单的方式来装饰。

招待客人的时候或者特殊日子的晚餐时间，可以在餐桌上放一根大蜡烛。图中的玻璃容器其实是为葡萄酒降温用的冰桶，当然，你也可以用些小蜡烛，但是大蜡烛更容易营造氛围。这是一种简单而不失华丽的装饰方式。

storage

用玻璃容器来收纳

杂乱无章的物件也能变得清爽而惹人喜爱

厨房、客厅等房间里常见杂物的收纳总是让人苦恼，食材、餐巾纸、点心、文具……想把所有东西都收拾整齐摆在架子上，既希望随手取用，又不想将沉重而土气的收纳箱摆出来。

这种时候就体现出用玻璃容器收纳的便利之处了。透明的玻璃容器能够让人清楚地看到内容，又容易拿取里面的物品，放的东西一目了然，不会遗漏，还有装饰物件的效果，既搞定了收纳，又完成了装饰。

接下来介绍两种能够用于收纳的物件，分别是宜家的西灵德系列玻璃花瓶和安客·霍金（Anchor Hocking）的直筒罐子。

两种容器都具有简约的外形，可以随意放在任何地方，用来盛小东西，十分实用。

直筒罐子是美国玻璃制造厂商安客·霍金的畅销品。这款罐子结实耐用，实用方便，绝对是一款让人想要集齐各种尺寸的商品。可以用来装咖啡豆、谷物、大米等等。

宜家的畅销玻璃花瓶西灵德有许多不同口径和高度的款式，其中广口碗三件套是最方便实用的，不用的时候可以叠起来，很容易收纳。

柠檬和橙子等柑橘类的水果外观本身就很讨喜，将它们放在玻璃容器里会显得更可爱。买了水果后，将它们放进玻璃罐里吧，这样既方便检查水果的状况，也方便多次清洗，不用担心水果脏了。

备忘录、钢笔、橡皮、剪刀、胶水等文具都可以用玻璃罐来收纳，上图中只是随意放进去几样，没有刻意整理，但还是给人眼前一亮的可爱感。

毛巾、布巾等布料类物件请叠好后收纳，不要上下堆叠，将它们竖起来收纳更容易取出来。

独立包装的小点心可以从袋子里取出来放进直筒罐子里。这样收纳既能节省空间，还能营造出点心店一样的可爱氛围感，从外面看就能挑选也是一种快乐。

　　可以用直筒罐子来收纳曲奇模具。因为模具要用于制作点心，平时要注意防止落灰，收纳在这种带盖的罐子中是个省心的好选择。

　　还可以用直筒罐子收纳毛线、缝纫线、丝线及纽扣等比较难以收纳的手工艺材料，随手将它们放进罐子里，既整洁又顺眼。如果放的是毛线，还可以当作冬季装饰物。

花瓶 / 亨利·迪恩

flower

善用玻璃花瓶

享受多姿多彩的花瓶为生活带来的乐趣

花瓶是最容易融入生活的玻璃制品，也是我工作与日常生活中用得最多的玻璃物件。

玻璃花瓶的材质多种多样，有采用透明玻璃制作的，也有采用染色玻璃制作的，还有内部有气泡的或者混杂了金属等其他材质、有独特质感的玻璃制作的。其尺寸也各不相同，既有只能插一枝花的细口瓶，也有口径较大的。

插上花后自不必说，哪怕不用插花，玻璃花瓶本身也足够可爱，只需要放在那里，便像是一幅画作。

接下来为大家介绍一些花瓶，以及任何人都可以简单运用的以花和花瓶来装饰的方法。

希望大家通过装饰鲜花，也能够体会到花瓶的美感。试试随心用花瓶做装饰吧！

2

3

4

5

6

花瓶与花的搭配

接下来介绍第 72~77 页中展示的花瓶，以及根据花瓶形状来挑选花束的窍门。

1

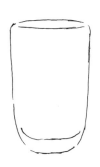

口袋形的花瓶。直接将 25 元的花束随手插进去就能做出不错的效果。这种花瓶有一定重量，不容易翻倒。

亨利·迪恩 / V.Julien XS

2

这种圆形的花瓶可以放一枝洁净而大的花。配合花瓶的高度将花茎剪短，大致剪到将花靠在瓶口能够安稳放下的长度。这类花瓶材质中加入了金属，给人以沉稳的印象。

亨利·迪恩 / V.Drops S

3

这种长方形口径稍大的花瓶既时尚又容易挑选。可以将软茎的花或者豆苗等藤本植物斜搭在瓶口的一端，花朵会自然地低垂，取得平衡的视觉效果。

亨利·迪恩 / V.August

4

家中常备的单枝插花瓶。这种花瓶不挑摆放场所，也不挑插花的类型，不管哪种花，都能随性地插在里面。推荐你插上一枝花朵稍微低垂的花，这样能够营造出纤柔的氛围。单枝插花瓶尤其以手工吹制的灰色渐变玻璃花瓶最为漂亮。

河上智美 / 长颈花瓶

5

圆筒型的大型花瓶，瓶口微微收束，呈锥形，特别适合插花，也容易用作装饰。这款花瓶品质优秀，不愧为品牌商品。这种花瓶可以用来插大花束，也可以大胆尝试将各种季节代表性的树枝插进去。

亨利·迪恩 / V.clemence high M

6

小而圆润的单枝插花瓶。瓶口狭小，恰好够插一枝花进去。推荐多买几个不同颜色的，将它们排列在一起，能够营造出色差感，也可以用来装修剪过的盆栽。

Sghr 须贺原/迷你平底单枝插花瓶　平角

将能够凸显玻璃质感的小配饰戴到身上，享受
玻璃带给你的美好吧！

Fashion

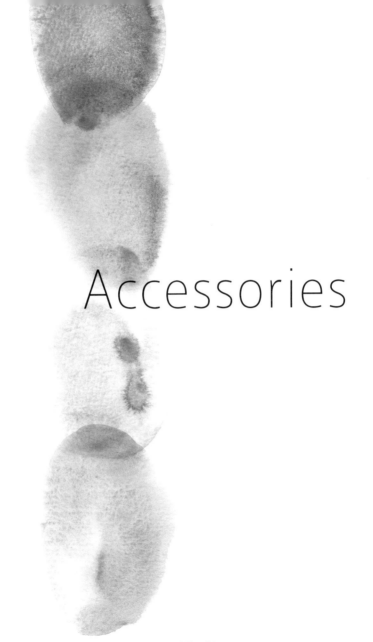

Accessories

戒指、耳环 / Chisato Muro 手环 / SIRI SIRI

accessories

将玻璃戴在身上

透明、多彩、闪耀，凸显玻璃独有的美丽

如今，街头巷尾越来越常见玻璃制的"珠宝"以及小配饰。配饰种类繁多，五彩缤纷，还具备与石制品不同的魅力。

玻璃制的手环、项链等物件不含金属元素，适合对金属过敏的人佩戴。

接下来这一篇可以说是玻璃配饰的入门指南，将为大家介绍玻璃配饰的魅力以及挑选窍门。

首先，透明的玻璃配饰搭配任何衣服都合适（参见第 82 页的图片）。这类配饰意外地既可以日常穿搭，也可以通勤穿戴。

其次，切割加工的玻璃配饰以及有色玻璃配饰也很漂亮，玻璃配饰根据搭配的金属部分不同的质感，会体现出不同的感觉。挑几件你喜欢的玻璃配饰吧！

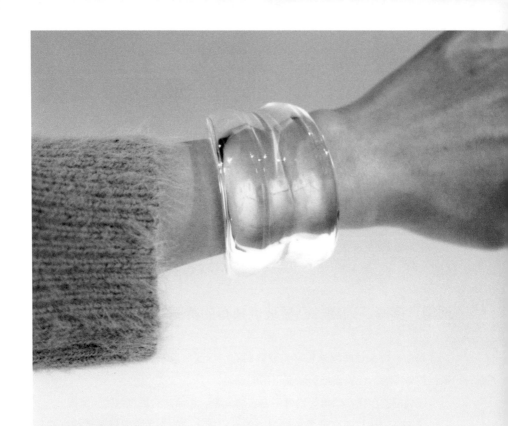

冬季，穿出透明感

　　玻璃因其透明的质感给人以清凉的印象，不仅可以在夏天佩戴，也可以搭配蓬松毛茸茸的针织衫在冬季佩戴。浑身包裹着厚衣服的冬季，将玻璃配饰贴身佩戴，可以戴在毛衣的袖子外侧，若隐若现的玻璃给人以耳目一新的感觉。

　　手工玻璃配饰有着柔和的轮廓和手感，光滑而坚硬的材质中蕴含着温度。

图片拍摄：Ryoko Nedu、SIRI SIRI

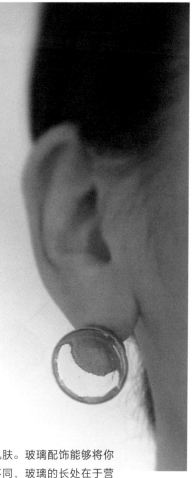

探寻自己身上适合戴配饰的部位

透明配饰的一大魅力在于透过它能够看到肌肤。玻璃配饰能够将你的肌肤衬托得更透亮，与珠宝首饰更强调自身不同，玻璃的长处在于营造氛围感，更让人印象深刻。

正因为这种特性，玻璃耳坠、耳环的佩戴位置与形状变得很重要，需要考虑平衡。根据自己的肤色、耳垂的形状和耳洞的位置挑选适合自己的玻璃耳饰吧！

图片拍摄：Chisato Muro

在挑选时兼顾颜色、设计以及日常生活中的适用性

　　有色玻璃制作的配饰，其透明度、色彩和鲜艳程度都具有独特的魅力。挑选时兼顾颜色、设计和日常生活中的适用性的平衡吧。

手工制作的玻璃之美

　　nichinichi 生产的玻璃配饰采用的玻璃各不相同，有背面贴有金属箔，反射出耀眼光芒的"背箔"（foil back）系列，有背面不贴金属箔所以透光性良好的"无背箔"（unfoil back）系列，还有用不透明玻璃制作的"不透光"（opaque）系列，以及以能够折射出彩虹般光线的爱丽丝水晶为基底制作的"爱丽丝玻璃"（alice glass）系列和再现了猫眼石光芒的"龙息"（dragon's breath）系列，等等。

　　该品牌产品的尺寸和设计也多种多样，放下先入为主的观念和对自我的限制，不带任何顾虑地挑选几件你喜欢的玻璃配饰吧！

配饰、材料 / nichinichi

玻璃与人造珠宝

玻璃配饰是所谓的"人造珠宝"（costume jewelry）之一，与用宝石、贵金属品制作的"普通珠宝"（fine jewelry）的概念相对，人造珠宝是指材质不限于宝石和贵金属的配饰。

最早的人造珠宝是高价宝石配饰的仿制品，二战之后，因为能够采用昂贵的宝石所不能及的尺寸和设计制作，在美国流行起来。

与普通珠宝具有很高的财产价值相比，人造珠宝最大的价值在于它们的设计感，有许多设计是因为玻璃独有的闪耀感和色彩才能实现的。此外，还有许多制作者在尝试用玻璃制作出接近宝石的光彩。制作者们在玻璃中混入金属以期使玻璃呈现出色彩，在切割上精益求精，用匠心推动了多种多样的玻璃配饰问世。

玻璃配饰虽然没有宝石那样的稀缺性和财产价值，但其中蕴含着手工之美。玻璃是用硅这种原料加工而生的产品，只要有技术和配方，就可以不断地生产出同样的东西。

素材提供：nichinichi

杯子套装 / 辻　和美和 factory zoomer

盘子 / 黑川登纪子、fresco、有永浩太

第二部分

让人爱不释手的玻璃制品
制作者·品牌 50 个（前篇）

接下来为大家介绍热爱玻璃制品、
以制作充满魅力的玻璃制品为业的制作者和品牌。
你会被这些玻璃制品的美丽俘获。

Akino Youko

将玻璃制品融入生活中，迎来闪光。

图片拍摄：栗原香穗里

简介

该品牌主营以吹制玻璃技法制作的各种器皿。制作者怀着制作出让人们每天使用、带来快乐心情的产品的愿望，开展工作。

🔲 atelier_akino

🖳 网站地址

🔲 照片墙账户名

Akino Youko

将玻璃制品融入生活中，迎来闪光。

图片拍摄：栗原香穗里

简介

该品牌主营以吹制玻璃技法制作的各种器皿。制作者怀着制作出让人们每天使用、带来快乐心情的产品的愿望，开展工作。

atelier_akino

Azzurro 玻璃工作室　东敬恭

发挥独一无二的想象力，制作多种多样的吹制玻璃制品。

🖥 www.azzurro.studio/

📷 yukiyasu.azuma

简介

手工制作的东西无论形式如何，都将会传于后世。东敬恭认为需要传承的不只是一部分传统产业，其中蕴含的技术和精益求精的精神也应当传承下去，因此他投身玻璃工艺品的制作行业中，希望担任起作为玻璃工艺品制作者的责任。

有永 浩太
Arinaga Kouta

玻璃的美好在于随着角度和光线
变化的色调与形状。

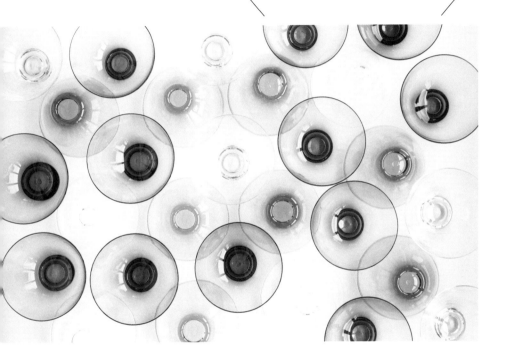

www.kotaglass.com

kota_arinaga

简介

家住能登岛，同时工作室也在这里，有永浩太在其
中从事吹制玻璃的制作工作。近年来，他对每天不
断重复的工作流程兴趣愈加浓厚。同时，在同样的
时间，同样的时机，在成百上千次不断重复的工作
中，他感到自己的职业生涯不断得到发展。

yumiko iihoshi porcelain

经营熟练工匠手工制作的吹制水晶玻璃制品。

图片拍摄：

suguru ariga

🖥 y-iihoshi-p.com

📷 yumikoiihoshiporcelain

※第 101 页图片中从左数第二个
"coup L"已经不再生产，新的尺寸
在 2020 年 8 月发售。

简介

yumiko iihoshi porcelain 的理念是制作"介于手工
艺品与工业产品之间"的有温度的器皿，目标是量
产有温度的器皿，希望能够用生产的物件丰富使用
者的日常生活。

生岛 明水
Ikusima Harumi

用吹制法吹出色彩与形状交汇的美好世界。

简介

生岛明水一直在探索如何制造新事物，制作玻璃器皿的乐趣之一是思考使用者会在什么场景下使用它，以及使用者是怎样的人。从 2001 年开始，他便以西伊豆的 GORILLA GLASS GARAGE 为工作场所开展自己的工作。

haruglass_ggg

石川昌浩 石川硝子工艺社
Ishikawa Masahiro

简约而美好的日用玻璃器具，使用时心中涌起喜爱之情。

图片拍摄：山本尚意

www.facebook.com/
ishikawagarasukougeisya/

msh614kw

简介

玻璃工匠，1975 年出生于东京的小金井市，毕业
于仓敷艺术科学大学玻璃工艺专业。石川昌浩上学
时与创造出"仓敷玻璃"的小谷真三相遇，此后受
到后者的极大影响。他在 2009 年获日本民艺馆奖
励奖。他目前住在冈山县早岛町。

池谷 三奈美
Ikeya Minami

采用窑烧工艺制作玻璃制品，
擅长复古而绝妙的色彩和造型。

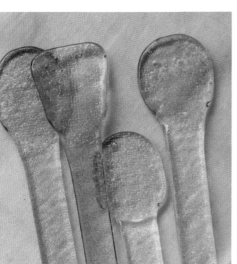 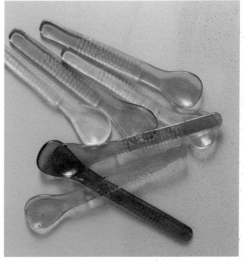

minamiikeya

简介

池谷三奈美希望制作出人们可以随心使用，并且感
受到多种质感的玻璃物件。制作作品时，她主要思
考自己想要怎样的玻璃，以及想要怎样使用玻璃
制品。

ICHENDORF

轻薄而纤柔的玻璃制品，润物无声地融入日常生活中。

www.ornedefeuilles.com

ornedefeuilles

简介

ICHENDORF 于 20 世纪初在德国的科隆郊区成立。该品牌主营采用传统工艺制作的装饰用玻璃，20 世纪 50 年代开始转向现代设计，20 世纪 90 年代搬到米兰，创作出了融合传统手工吹制法和现代设计的系列商品。

伊塔拉

制作鲜活而生动的玻璃制品。

www.iittala.jp

iittala_japan

简介

伊塔拉（iittala）于 1881 年在芬兰的伊塔拉村中的一间玻璃工坊中诞生。作为北欧玻璃产业的先驱品牌，伊塔拉以"玻璃丰富生活"为理念，不为流行趋势左右，追求永恒的设计。

稻叶 知子
Inaba Tomoko

简约的外形与柔和的质感
让玻璃制品成为"生活的点缀"。

图片拍摄：SyuRo

o.ka.me.inaba

简介

稻叶知子在美术大学学习雕刻专业时，偶然见过工艺科的学生制作吹制玻璃的工艺流程，以此为契机，大学毕业后开始创作玻璃作品。希望人们在日常生活中使用的玻璃制品，能够成为使用者生活的点缀，稻叶知子正是怀着这种心情，开展着制作工作。

Ooyabu Miyo

制作有温度又具有多面性的玻璃。

简介

Ooyabu Miyo 于 2003 年在冲绳成立工作室。玻璃制品
的吹制、塑形、精加工等过程都独自一人完成。根据要
生产的物品不同，她尝试改变玻璃的原料，创作出与人
印象中截然不同的物品。她的代表作是拥有液体般质
感，能够折射出辉煌阴影的"Spica"系列。

www.hizuki.org

miyooyabu

奥 泰我
Oku Taiga

制作让人想要时刻放在身边的、
精致而美丽的吹制玻璃制品。

taiga_oku

简介

奥泰我毕业于仓敷艺术科学大学艺术学部工艺设计系玻璃制造专业，在黑壁股份有限公司工作一段时间后，于2019年在香川县高松市作为独立制作者开展经营活动。奥泰我主要使用吹制法制作玻璃制品，希望制造有助于日常生活、让人时刻想要放在身边的、简约而美丽的玻璃制品。

Okabe Makiko

独创的简约灯具和配饰，带有手工艺品的温度。

okabemakiko.com

okabemakiko

※ 不定期在 H.P.DECO 开办展览。

简介

Okabe makiko"师从"古时的玻璃匠人，致力于发挥玻璃的特性，结合复古的理念，制作独特而简约的玻璃制品。制作者全年都有在日本各地开办个人展览。

小川 真由子
Ogawa Mayuko

采用脱模蜡制作的玻璃制品，随着光线的变化，其色调会发生美妙的转变。

第 116 页、第 117 页右
图片拍摄：樋口晃亮

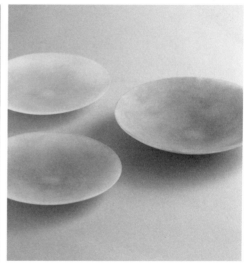

💻 www.mayuko-ogawa.com
📷 ogawa.glass

简介

小川真由子从富山玻璃造型研究所毕业后，在东京开展制作活动。小川真由子重视日常生活中寂静的时光，以制作让人平心静气的身边物件为目标。

奥平 明子
Okudaira Akiko

在变幻的季节中陪伴着我们的吹制玻璃器皿。

简介

奥平明子出生于神奈川县，毕业于东京玻璃工艺研究所。日常生活中的物件经过反复使用，会变成平凡生活中的一道风景，奥平明子怀着这样的心情制作玻璃制品。

www.okudairaakiko.com

okudaira_akiko

木下 宝
Kinosita Takara

欣赏克制的造型与吹制玻璃独有的曲线美感。

简介

木下宝出生于大阪，2002 年从秋田公立美术工艺短期大学窑烧工艺玻璃专业毕业。在富山玻璃工坊工作一段时间后，木下宝于 2006 年开设了个人工坊 "Takara 玻璃工作室"。

蛎崎 诚
Kakizaki Makoto

制作棱角分明、简约而硬朗的美妙宙吹玻璃制品。

kakizakiglass

简介

蛎崎诚 1976 年出生于东京，在武藏野美术大学短期大学部修完设计课程后，在香川县跟随深濑贵彦学习。他于 2005 年独立发展，2015 年创立蛎崎硝子工坊。在制作玻璃制品时，他会考虑如何在自己的作品中以简单的造型呈现性感的效果。

河上 智美
Kawakami Tomomi

制造能够陪伴使用者的、
让人感到亲切的玻璃制品。

sun.gmobb.jp/glass-kawakami/

kawakami_glass

简介

河上智美 1974 年生于东京浅草，在松德硝子勤务所工作后，2002 年在茨城县创立工坊。她希望制作能够让人感受到玻璃的温度和柔和质感的日用玻璃制品，并以持续制作让人感到更加亲切的玻璃器具为目标。

木村硝子店

经营东京下町匠人手工制作的精美玻璃器皿。

简介

自 1910 年开业以来，木村硝子店一直经营着来自东京下町工坊以及切子匠人手工制作的玻璃器皿，近年来也开始委托欧洲的工坊制作精美的葡萄酒杯与鸡尾酒杯。

www.kimuraglass.co.jp

kimuraglass

西洋民艺店 GRANPIE

将承袭古代工艺的伊朗宙吹杯与
摩洛哥的再生玻璃杯带上日本的餐桌。

🖥 www.granpie.com

📷 granpie

简介

GRANPIE 是一家为顾客带来可以融入生活的民间艺术和手工艺品的商店。该店直接从土耳其、伊朗等中东地区以及西班牙、东亚在内的国家和地区进口玻璃器皿，有时直接进口当地使用的器具，也会定制便于使用的形状和尺寸，店内商品多种多样。

专栏

让人乐享玻璃之美的基础知识

1

从小，我们身边就少不了各种玻璃制品，
关于玻璃我们知道的却不多。
玻璃究竟是什么？
如此美丽的玻璃到底是如何做成的？
在接下来的章节里罗列了关于玻璃的各种疑问，
大家想要了解的知识，
以及在日常生活中运用玻璃的方法等
能够让人乐享玻璃趣味的基础知识。
一起来学习吧！

玻璃源于什么地方？

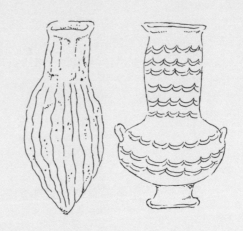

原产于美索不达米亚的玻璃

玻璃的起源众说纷纭，它历史悠久，能够追溯到古代的美索不达米亚地区。在伊拉克共和国巴格达郊外的遗迹中，出土了大约公元前 2300 年的玻璃块。

一般认为，玻璃是在炼铜等金属时产出的副产品，铸造铜器时析出的硅酸与燃料中的灰混合，形成了玻璃的原型。

古罗马博物学家普林尼所著的《自然史》中记载了关于玻璃起源的故事。据说在很久以前，一个腓尼基商人为了做饭，尝试在海边做炉子，他将船上的苏打和海岸边的白砂混合后熔化，就制成了玻璃。

玻璃工艺起源于公元前 16 世纪

前文中记叙了玻璃起源于古代的美索不达米亚地区。因此，所谓腓尼基商人在公元前 1000 年左右制作玻璃的故事不过是个传说。不过，在它的背景舞台地中海东岸的以色列附近，出产可以作为玻璃原材料的优质砂，这也造就了周边地区玻璃产业的繁荣。

最迟在公元前 16 世纪左右，古埃及人和在美索不达米亚地区生活的人们就开始制作玻璃器皿了，这被认为是玻璃工艺品的起源。当时的玻璃并不透明，而是有着黄色、茶色、青色等颜色，价格和宝石一样贵。

公元前 1 世纪左右，古罗马诞生了吹制玻璃技术，这种技法一直传承至今。从这时候开始，玻璃的生产技术迎来了极大飞跃，人们终于制作出了透明的玻璃。吹制玻璃技术在罗马帝国内传播，并在意大利及小亚细亚半岛发展成了产业。此后，玻璃的制造工艺又在萨珊王朝时期传到了波斯，并发展出"萨珊玻璃"。公元 7 世纪以后，萨珊玻璃的制作技术传到了伊斯兰地区，迎来了发展的高峰。这在玻璃工艺史上添加了浓墨重彩的一笔。现在我们使用的玻璃制作技术基本源于这个时代。近代以后，欧洲的玻璃工艺都是在伊斯兰玻璃工艺的基础上发展起来的。

欧洲在公元 11~13 世纪中引进了伊斯兰玻璃工艺，在公元 13 世纪左右，威尼斯共和国也引进了玻璃制作工艺，并一度垄断玻璃制造技术。

在波希米亚诞生的水晶玻璃

水晶玻璃也就是所谓的"威尼斯玻璃"。其中发展于威尼斯的穆拉诺岛的珐琅玻璃、染色玻璃和蕾丝玻璃等水晶玻璃，以其高度发达的技术和美丽的装饰而闻名。

公元 16 世纪末，从公元 12 世纪便因为兴旺的玻璃工艺发展起来的波希米亚地区制作出了高度透明的无色玻璃。这种透明玻璃在制作过程中使用了氧化锰。而英国人则使用氧化铅代替材料中的碳酸钠，制成了美丽的含铅水晶玻璃。

公元 18 世纪后，随着欧洲地区技术的发展，玻璃得以量产，价格也大幅下降，玻璃被广泛用于窗户和显微镜等物品。公元 20 世纪，美国开发出了自动化生产玻璃的机器，玻璃工业进一步发展。

另一方面，早在弥生时代（公元前 3 世纪~公元 3 世纪），玻璃作为一种舶来品就被引入了日本。不过在日本，玻璃的制造工艺仅限于制作一些珠子或者小球等饰品。

直到闭关锁国的江户时代（1603~1868 年）日本玻璃工业才蓬勃发展。日本人喜欢漂亮又实用的外来玻璃，同时开始尝试自己制作，并且创造出了日本独有的和玻璃。所谓的"江户切子""萨摩切子""长崎吹制玻璃"等昂贵而易碎的玻璃便诞生了。

明治时代（1868~1912 年）开始，日本创设许多玻璃工厂，并且通过直接引进了西方的近代玻璃制造技术得到了飞跃性的发展。到了大正时代（1912~1926 年）廉价的餐具类玻璃制品普及，玻璃成为一种家家户户必不可少的日用品。

玻璃是用什么制作的？

玻璃的原材料有 3 种

　　玻璃最主要的原材料是硅砂，其主要成分是二氧化硅。硅砂是将一种叫作硅石的岩石碾碎后制成的。

　　在公园的沙场或者海边的沙滩，常常可以见到沙子中混有透明的成分，这就是硅砂。

　　提取并除去硅砂中的杂质，再将其熔化，就制成了所谓的石英玻璃。这种玻璃的制作不采用特别的玻璃制作工艺，只利用了物理反应和化学反应。

　　熔化硅砂需要 1700 摄氏度以上的高温。

　　而制作常见的工艺玻璃，则需要用到碳酸钠和石灰。

玻璃的原材料取自哪里?

主要原料硅砂的代表产地有法国枫丹白露、比利时列日、德国萨克森州、英国艾尔斯伯里、以色列北部海岸、澳大利亚弗拉特里角、越南金兰湾等。

而在日本,爱知县的濑户、岐阜县土岐津地区是硅砂的主要产地,日本生产的硅砂需要经过更多的加工工序,因此比进口硅砂成本要高一些。

天然碳酸钠一般从盐湖中产出。埃及以及撒哈拉地区沙漠中的盐湖是自古以来就闻名世界的天然碳酸钠产地。

今天,肯尼亚的马加迪湖作为硅砂产地已广为人知。美国内华达州和加利福尼亚州的盐湖也很有名。

制作钾钙玻璃所采用的木灰由木材制成,主要成分是碳酸钾,近来也有采用从含有优质碳酸钾的岩盐中提取碳酸钾的方法。法国的阿尔萨斯地区就以生产岩盐而闻名。

玻
璃
的
种
类

制作玻璃工艺品最常用的 4 种玻璃

　　工艺用玻璃中最常用的是钠钙玻璃、铅玻璃、钾钙玻璃和硼硅酸玻璃这
4 种类型。

　　钠钙玻璃也被叫作钠玻璃，是在硅酸中加入碳酸钠而制成的玻璃。这种
玻璃被广泛运用于窗户、瓶子等物品的制作中。由于钠钙玻璃都是用人们常
见的材料制作，所以现在也能按部就班地制作。

　　铅玻璃采用硅砂的铅丹（氧化铅）制作，又被叫作水晶玻璃。因为含铅、
曲率高、质地较软、外观漂亮，铅玻璃经常被用于制作高级餐具和工艺品。

玻璃的种类

钠钙玻璃

在硅砂中加入碳酸钠制作而成，透明度低，耐热性强，硬度高而脆。广泛用于窗户和餐具等物品的制作。

铅玻璃

在硅砂中加入氧化铅制作而成，透明度高，较软，容易熔化，较重。常用于光学镜片或工艺品等物品的制作。

钾钙玻璃

在硅砂中添加木灰制作而成，透明度高，耐药性强，别称"波希米亚玻璃"，广为人知。

硼硅酸玻璃

在硅砂中加入硼酸制作而成，透明度低，耐热。也称"耐热玻璃"，常用于汽车前灯。

钾钙玻璃是在硅砂中加入木灰（主要成分是碳酸钾）制作而成的。因为中世纪在波希米亚地区制作，因此也被称作波希米亚玻璃，是一种比钠钙玻璃更坚固、透明度更高的玻璃。

硼硅酸玻璃是在硅砂中加入硼酸制作成的，也被称作耐热玻璃或硬玻璃。因其耐热性和耐腐蚀性较好，常被用于制作烹饪用具或化学用具。

下文将详细介绍耐热玻璃。

耐热玻璃是什么？

耐热玻璃指能够适应温度急剧变化的玻璃

在制作料理时，可以放进微波炉中加热的耐热玻璃餐具便是用耐热玻璃制作的。耐热玻璃究竟是什么样的玻璃呢？

几乎所有物质都会热胀冷缩，玻璃也不例外。它会根据温度变化而收缩，也会因为温度急剧变化而开裂。

而受温度影响收缩程度不大，能够承受急剧温度变化的玻璃就被称为耐热玻璃。

耐热玻璃也被称为硼硅酸玻璃（参见第 136 页），通过在硅砂中加入硼酸制作。耐热玻璃因为温度而热胀冷缩的幅度都比较小，其中有些种类甚至可以耐 1200 摄氏度高温，可以直接用明火烤。普遍认为，最早运用了耐热玻璃的是 19 世纪发明的白炽灯。

玻璃是如何染色的？

　　玻璃的原色中杂有蓝绿一类颜色，是因为玻璃的原料中含有铁。制作透明玻璃的时候，需要添加硒或氧化钴等材料将这种颜色消除。

　　与之相反，制作染色玻璃时，需要添加具有染色效果的材料。在将玻璃放进炉子里熔化的时候，玻璃会根据炉子的温度和玻璃材料等细微的变化发生颜色转变。因此，即便采用同样的工艺，也有可能制作出不同颜色的玻璃。

　　当材料熔化成为玻璃后，如果继续加热，会使玻璃的颜色进一步变化。因此，给玻璃染色是一项精细的工作。

玻璃染色剂

　　即便是同样颜色的玻璃，也有各种不同的染色剂。此外，根据炉子里的含氧量不同，玻璃的着色效果也不同。含氧量高的炉子中染出来的颜色叫"氧化气氛"，含氧量低的炉子中染出来的颜色叫作"还原气氛"。炉子中的含氧量是染色的重要影响因素。

　　想要染出暗红色的玻璃，需要使用氧化亚铜，并且保持还原气氛。不过由于染暗红色难度比较高，也有利用金来染色的方法。

　　想要染出天空一样的蓝色玻璃，需要使用氧化铜，保持氧化气氛。而想要染出墨水一般深蓝色的玻璃，则应当使用氧化钴并且保持氧化气氛。蓝色是一种稳定易染的颜色。

　　想要染出淡黄色的玻璃，则需要在氧化铈中加入二氧化钛染制，并且保持氧化气氛。想要染出鲜艳的黄色玻璃，就应当在还原气氛中加入硫化镉，不过，据说鲜艳的黄色很难染制。

再生玻璃是什么？

再生玻璃因为其独特的质感和自然的外观受到人们的欢迎

　　将用完的玻璃瓶等熔化后再制作出来的玻璃，被称作"再生玻璃"。

　　再生玻璃有独特的质感和自然的外观，因此经常用于室内装饰和制作容器，近年来极受人们欢迎，用途也相当广泛。再生玻璃与普通玻璃的特性基本相同，耐热性好，因此不用担心它会受热开裂。

　　再生玻璃有多种制作方法，比如将原料放入电炉中烧制成板的手法，将玻璃放进熔化炉中熔化后倒入模具中的手法以及吹制玻璃的手法等。最有名的再生玻璃是摩洛哥玻璃和冲绳产的琉球玻璃。

　二战后冲绳人在将美军喝过的可乐瓶或啤酒瓶等染色玻璃回收后，制作出再生玻璃。这种再生玻璃内部会生成气泡，而厚度也较厚，具有独特的质感，后来便被称为琉球玻璃。

　此外，摩洛哥人也有将身边的玻璃制品回收后制作再生玻璃的习惯。

　有一种外观看上去很有怀旧感，呈淡柠檬黄色的薄荷茶杯，也是用再生玻璃制作的。这是摩洛哥代表性的再生玻璃，常被用在咖啡馆中。

　摩洛哥人喝热薄荷茶的时候一般会使用这种玻璃杯，这是一种当地的人气杂货，日本也有店家会用这种杯子。

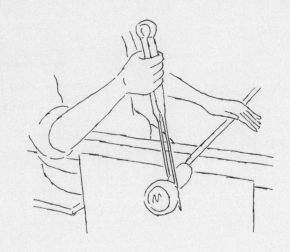

吹制玻璃是一种怎样的技术？

通过吹气使玻璃膨胀成形

吹制玻璃是通过将一根棍子伸入熔化的玻璃中，将空气吹进去成形的，可以想象一下这个场景。日本的吹制玻璃分为两种，一种叫作"宙吹"，不使用模具，直接在空气中吹制成形；一种叫作"型吹"，是将玻璃倒进模具中吹出形状的玻璃。

宙吹法是用一根中空的棍子插进熔化的玻璃材料中，不断打转使玻璃缠绕在棍子上，在表面平整之后玻璃冷却硬化之前向其中吹气使玻璃成形的方法。据说宙吹法产生于公元前1世纪左右，常被用于制作工艺品或者高级餐具。

型吹法开始的步骤与宙吹法相同，而在玻璃表面平整后，需要将玻璃放进木制或者金属制的模具中吹成形。因为使用模具制作，因此利用型吹法可以制作出许多相同的物件。

玻璃制作工艺的工具

　　根据技法的不同，玻璃制作工艺使用的工具各不相同，接下来为大家介绍其中的一部分。

　　熔化玻璃用的高温熔炉是制作玻璃的必要工具，吹制玻璃时吹管也必不可少，吹管能用来卷起玻璃熔液。将缠绕在吹管上的玻璃熔液塑形的工具叫作滚料碗，滚料碗呈碗状，由木头制作，带有一个柄。玻璃成形后，还需要用一个叫作纸抹的工具定形，纸抹由一根木棍上卷上湿润的报纸制成。

　　平整玻璃时会用上滚料板，滚料板是一块带柄的木板。锻打钳是一种能够用前端的钳子夹起玻璃，方便在玻璃上进行精细作业的工具。以及用于制作纹理的压接钳和在处理容器的开口时需要用上的瓶口剪。

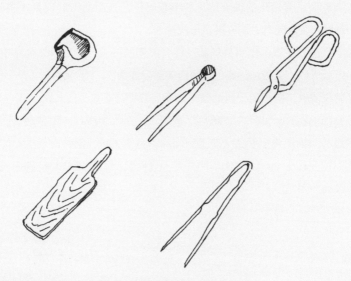

什么？压制玻璃是

采用模具压制出来的玻璃

压制玻璃是将熔化的玻璃倒进凹形模具中，再用凸形的模具压制成形。熔化的玻璃在两个模具之间延展定形成器皿。

由于是压制成形，压制玻璃制品拥有鲜明的外观，将玻璃从模具中取出来后，可以再以喷火枪加热烧出光滑而闪耀的表面。

压制玻璃被广泛运用于酱油碟、茶杯及各种器皿等生活杂物，乃至文具、玩具等物品的制作中。压制玻璃可以量产。比起吹制玻璃，压制玻璃的生产更依赖设备，因此大多是由大型工厂制作。日本大正、明治时代生产的压制玻璃制品现在作为文玩受到人们的喜爱，当时最流行的设计是压制出西式或者和风纹饰的盘子。

其他玻璃生产工艺

塑形和装饰的工艺

玻璃制作工艺根据加工时玻璃的状态大体分成两类。在玻璃加热到一定温度时塑形并且装饰的技法被称作"热加工"（hot work），在玻璃冷却后塑形再装饰的技法被称作"冷加工"（cold work）。

之前介绍的技法中，吹制玻璃属于热加工，除了吹制和压制两种外，还有许多制作工艺属于冷加工。

玻璃的塑形工艺多属于热加工，有铸造法、脱模蜡制法、压制法、熔凝法、热熔法等工艺。

玻璃装饰工艺多属于冷加工，其中主要有切制（切子）法、凹版法、蚀刻法、珐琅法、喷砂法和浮雕切割法。下文将为大家介绍各种玻璃制作工艺。

塑形工艺

铸造法

将熔化的玻璃倒进模具中塑形的技法。这种工艺操作简便，从古代就有人运用，只需要将熔化的玻璃液倒进模具中，再将模具除去便可以成形。在现代，这种技法制作的玻璃也时常被用于建筑材料或者装饰品制造中。

压制法

将染色玻璃的小碎片排列在模具里烧制的技法。玻璃碎片在烧制的过程中会与旁边的碎片融合在一起，顺着模具变成新的样式。还可以在制作碎片的原材料染色玻璃棒上画上图样，譬如动物、人物或者波纹形状等，使得成品马赛克上能够形成连续的图案。

热熔法

将切开的染色玻璃板与铅框架组合起来，在铅框架的连接处用锡铅合金焊接，再在缝隙中填上腻子的技法。此外，还有许多其他技法，譬如加热使玻璃弯曲或将熔化的玻璃珠填到玻璃板上等。

脱模蜡制法

用蜡制作原型，在用石膏浇注制成模具，将蜡融化后取出，再将粉末状的玻璃放入其中烧制而成的技法。脱模蜡制法还可以细分成多种类型，玻璃粉在烧制熔化的过程中可能会烧出让人惊喜的颜色。

熔凝法

将玻璃盖到喷烧器上加热，塑形的技法。用喷烧器均匀地烧热玻璃想要切断的部分，当玻璃变得通红熔化时移开，将玻璃从两端掰开，再次加热调整形状。是制作玻璃珠、小物件、配饰等经常使用的技法。

装饰工艺

切制（切子）法

最典型的玻璃装饰技法，使用磨机切割玻璃表面绘制图案。首先用线描出雏形，再通过切割和打磨雕琢细节，是一种能够制作许多纹样的技法。

凹版法

一种将铜或者石制圆盘放到转轴上，通过转轴在玻璃上雕刻的技法。这种技法制作出的玻璃表面会形成凹状的雕纹，视觉效果突出。雕刻时保持玻璃与圆盘微微接触，这种方法最早是用来雕刻水晶的。

蚀刻法

在玻璃的表面用酸腐蚀出纹样的浮雕技法。使用这种技法时需要先在玻璃表面涂上一层蜡作为保护膜，再将需要蚀刻部分的膜去掉，将混合液浸入该部位以腐蚀玻璃，做出凹凸的纹样。通过多次重复这个步骤，制造出腐蚀的深度差。

珐琅法

使用珐琅颜料在玻璃表面绘制出纹样并烧制的技术。珐琅颜料能够与玻璃融为一体，因此不会变色或者剥落。这种技法从前被用于玻璃彩绘，但是公元 20 世纪以后逐渐衰落。

喷砂法

采用压缩机在玻璃表面喷上金刚砂，形成图样的雕刻法。通过在玻璃上划浅痕的方式，在玻璃表面做出白雾状的磨砂，使得玻璃变得模糊。运用这种技法时，会先在保护纸上刻出图案，再将保护纸贴在玻璃表面，对该部分喷砂。

浮雕切割法

在透明玻璃或不透明玻璃上贴一块染色玻璃，将染色玻璃的部分切割的技法。因为与珠宝浮雕的技术相似而得名，又分为许多小类，如以浮雕技法切割出镂空状的技术或者在金属框架中注入玻璃等。

为什么玻璃上会结『雾』？

玻璃会结"雾"是自来水中的矿物质导致的

不知你有没有发现，将久不使用的杯子取出来时，上面可能结了一层"雾"。这是因为上次清洗杯子的水分虽然已经干了，但自来水中所含的钙、镁、钠、钾等矿物质却残留下来，矿物质结晶后就形成了一层"雾"，也就是我们常说的水垢。

有时，玻璃中所含的成分也会析出来，在表面结"雾"，比如说最常见的钠钙玻璃，就会随着时间的推移析出碱（钠、钾），这也是结"雾"的原因之一。通常情况下，结"雾"后需要许多年玻璃的机能才会进一步退化。

玻璃为什么会碎？

这是因为玻璃表面有微小的划痕

为什么玻璃会碎？

从前，有一个叫格里菲斯的人提出玻璃之所以会破裂，是因为在塑形和使用摩擦的过程中，玻璃表面留下的微小划痕，在划痕上增加压力，就会使玻璃碎裂开来。这是在电子显微镜发明前提出的假想，后来经过了科学的验证。因此，这种使玻璃破裂的原因在后来被称为"格里菲斯断裂"。

说是划痕，但是实际上这种划伤过于细小，肉眼不可见。不过，在这种划痕上施加压力，即便力度很小，也会使划痕扩大，最终使玻璃碎裂开来。

方法 玻璃的使用

轻拿轻放是最根本的要求

　　喜欢的玻璃制品结了"雾"或者碎裂是一件让人难过的事情。不过，只要了解玻璃制品的正确使用方法，就能够保持它的洁净，还能够延长它的使用寿命。

　　首先，拿取玻璃制品的时候，请把戒指或者手表等饰品取下来。硬质物品是造成玻璃割伤的主要原因。

　　洗涤玻璃餐具的时候使用中性的洗涤剂和柔软的海绵，放在温水中轻柔地清洗，再用清水彻底冲干净。

　　此外，自然晾干会导致水垢残留，因此在晾到一定程度后，请用干布将水蒸气擦拭干净。

　　葡萄酒杯的清洗方法请参照第 28 页的详细说明。

保存的时候不要将玻璃制品堆叠

　　玻璃制品的保存方法也很重要，玻璃不耐冲击，堆叠起来保存有可能会使它们相互摩擦导致碎裂，因此尽可能分别保存。不得不堆叠保存的话，请在它们之间夹上布或者厨房纸巾，提供一些缓冲。碟子或者盘子之类的玻璃制品可以堆叠保存，但是不要叠太多。

　　如果长时间不使用，玻璃上可能会结出"雾"或者污垢，清洗不干净的话，可以在水中加入食醋清洗。洗完抛光时建议使用能够清楚发现污渍的白色布料，尽可能使用吸水性良好，不容易起毛的棉或麻。还有一种玻璃专用的细纤维布料，这种布料不会起毛。不要使用粗硬、易沾灰的布料，它会划伤玻璃的表面。

玻璃缺口了怎么办？

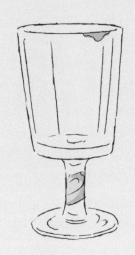

修补方法有两种

哪怕再小心使用，有时候还是会划伤玻璃，甚至碰出缺口。这种时候怎么办才好呢？修补玻璃的方法有削除和金继两种。

削除最好委托专业的工匠来做，比如玻璃杯边缘缺口时，可以以缺口处的高度为新的顶点，将边缘整体削除。金继常见于陶器和瓷器的修理中，也可以用于玻璃制品的修理。当物件出现缺口、破裂或者裂纹时，涂上漆，再撒上金粉等修补表面。近年来金继重新引起了人们的重视，在日本各地都有开设教学班，也有开展金继体验工坊。

修补玻璃既可以委托专业工匠金继，也可以自己去教学班学习，或者用修补包自己修补。

用金继修补充满回忆的玻璃物件

曾经，我的一个玻璃杯有缺口了，由于这个玻璃杯带给我许多回忆，便请朋友用金继的手法修补了它。

那时我和丈夫去京都新婚旅行，我们开车从东京出发，一路向京都而去。难得新婚旅行有这么长时间，我们都想在京都待一周左右。

享受过京都的旅行后，回程时我们计划一路泡温泉慢慢回来。旅行快结束时，我们在松本停留，在一家名叫陶片木的画廊里买了夫妇茶碗和两个玻璃杯，作为新婚旅行的纪念品。

每天我们都会使用这两个杯子，大约第五年时，不小心打破了一个，那时候我完全没想到还有金继这种方法，只好哭着告别了它。

之后，大约过了15年，某一天，我不小心把另一个杯子碰到水龙头上，杯口开裂了。当我向朋友哭诉这件事情的时候，他告诉我玻璃也可以通过金继修补。这话给了我希望。

过了几周，这个杯子在朋友的手中复活了，甚至"长出"更漂亮的金线。这是朋友给我的最宝贵的礼物。

这个带来回忆的杯子，又为我们新添了另一段美好回忆。

盘子 / 田子美纪、fresco、有永浩太

第二部分

让人爱不释手的玻璃制品
制作者 · 品牌 50 个（后篇）

黑川 登纪子
Kurokawa Tokiko

用吹制玻璃表现色彩的组合和

玻璃制品的趣味。

k5trk

简介

黑川登纪子在制作玻璃制品时会思考色彩的趣味以
及玻璃的新搭配方式。为了让使用者能够从玻璃的
色彩中感受到无穷无尽的乐趣，她制作的作品形状
会尽可能统一和简单。近来，她还意识到气压的变
化会影响到窑的温度，窑与熔化的玻璃其实都像有
自己的生命一样。

KOBO

由玻璃艺术家彼得 · 艾维与造型设计师高桥绿
携手创作的日用玻璃器皿。

简介

KOBO专注于制作不抢眼却不可或缺，简单却百看
不厌，既是工具又是器皿的玻璃器具。在生活中拥
有这样的玻璃器皿，人们会不知不觉想要伸手去
拿，这使生活多了一些乐趣。

 peterivy.com

peterivy.flowlab

SPIEGELAU

主营与啤酒最为搭配的各种形状的水晶
玻璃啤酒杯。

www.spiegelau.co.jp

spiegelau_japan

简介

SPIEGELAU以"啤酒随着杯子变化而变化"为主
题，通过工作坊试用，开发出能够最大化发挥精酿
啤酒的独特香味和口感的啤酒杯。SPIEGELAU会与
酿酒师以及专家一起决定杯子的造型。

境田 亚希
Sakaida Aki

将玻璃放在餐桌上，随光线变化，欣赏
形状像花一样的阴影线条。

akisakaida

简介

境田亚希正在制作一个名为"花影"的系列器皿作
品。她希望通过在玻璃中添加较浅的色彩制造出适
合任何季节的作品。"花影"系列作品不仅形状和
用途上具有实用性，而且其不时投出的阴影，作为
"美"的一环也令人享受。

左藤 玲朗
Sato Reirou

从作品的色彩和形状上保留容器的机能
而兼顾玻璃的素材感之美。

www2.odn.ne.jp/~cfb55870/

satohandblownglass

※ 由于营业方向调整为售卖为主，店铺
里不再常设展览。夏季会在 KOHORO 二
子玉川开办个人展览。

简介

左藤玲朗持续研究和练习的目的是更好地表现玻璃
的美感，而不是表现自己。即便如此，她还是希望
能有更多的客人看到并购买她的作品。也许在二十
多岁进入那霸的一家玻璃工厂做学徒时，她也怀着
同样的心情。

松德硝子厂 SHUKI

作品的造型不只能够发挥玻璃制品的性能，
更能凸显玻璃的精致和可爱。

简介

松德硝子厂成立于 1922 年，最早是生产用于灯泡的玻璃的工厂。创立以来，该厂一直坚持由工匠手工制作产品，主营啤酒杯、清酒杯等高档玻璃餐具。该厂希望将制作灯泡时培育出的、能够将玻璃吹制得薄而均匀的技术，运用到各种玻璃制品的制作中。

www.stglass.co.jp

Sghr 须贺原

制作能够让人感受到乐趣的日用品。

www.sugahara.com

sghr_sugahara

简介

制品全由工匠手工制作，Sghr 须贺原聚集了一群热爱玻璃、被玻璃的柔和质感所吸引的匠人。该品牌致力于激发玻璃之美并享受制造玻璃之乐，重视从设计到制作的全部流程，以制作出具有温度的手工作品为目标进行创作。

SIRI SIRI

将切子等传统工艺与材料结合，
制作玻璃珠宝。

图片拍摄:
Ryoko Nedu,
SIRI SIRI

🖥 sirisiri.jp
📷 siri_siri_official

简介

SIRI SIRI 是一家将意想不到的材料与传统工艺相结
合，创造出现代产品的玻璃珠宝品牌。该品牌坚持
独特的风格，与"不受先入为主的观念所束缚"的
人生态度相呼应，忠实于自己的审美。

角田 依子
Sumida Yoriko

以吹制玻璃技法制作出美丽而具有柔和曲线的产品。

简介

当握住透明的玻璃制品时，你会意外地感到它的厚实感；而在残冬的晴日里触摸玻璃制品，你却会感到它出乎意料地温暖。玻璃是一种自由而有趣的材料。在一如既往流逝的时光中，玻璃制品能够给人仿佛空气突然变慢了的感受。

yorikosumida.jp
yorikosumida

濑沼　健太郎
Senuma Kentarou

柔和而硬朗的玻璃制品能够回应使用者的心情。

kentarosenuma.jimdofree.com

kentaro_senuma

简介

濑沼健太郎重视"美好氛围"。在他看来作品既是雕刻艺术，也是工具本身，希望使用者能够通过使用它们，产生新收获。

高桥 祯彦
Takahasi Yosihiko

将气息吹入熔化的玻璃中，
构造出柔和的外形和质感。

📖 yorange.org

📷 yorangy

简介

将玻璃熔化，然后用于制作。在制作作品时，高桥
祯彦直面自己的感受，并且尝试抓住自己的感受。
这话说起来容易，却不那么容易做到。哪怕只是制
作杯子之类的东西，他也会刻意用比较困难的方
法。他相信，只有通过这种方式，才能制作出与普
通物品有微妙差别的物件，才能创造奇迹。

田子 美纪
Tago Miki

以自然的色彩为灵感，
采用融合技术制作出拥有新颖色调的物品。

简介

田子美纪于 1995 年修完多摩美术大学玻璃制作课程，1997 年
开始开办个人展览和策划展。她以制作出多彩而方便使用的
器皿为目标。为了让人们能够更专注地欣赏玻璃制品的色彩，
她特地将器皿的造型都做得很简单。哪怕让使用者有一瞬间
绽开笑颜就好，田子美纪怀着如此的心情开展制作工作。

🔲 tagoglass

Chisato Muro

玻璃珠宝衬托出穿戴者之美。

🖥 www.chisatomuro.com

📷 chisato_muro

简介

从大阪设计专门学校玻璃专业毕业后，Chisato Muro 从事过吹制玻璃创意工作，后来开展创作活动，2014 年毕业于纽约"珠宝工作室"珠宝学习中心（Studio Jewelers Ltd.），2018 年成立了 Chisato Muro 品牌。2019 年后，制作者将公司迁到日本开展经营活动。

辻 和美和 factory zoomer

创造具有艺术品之美作为美好生活工具的玻璃制品。

www.factory-zoomer.com

factory_zoomer

factoryzoomer_staff

简介

玻璃制作者辻和美（TSUJI kazumi）曾于加利福尼亚美术大学（CCAC）学习玻璃制作工艺。此后她在 1999 年回到日本，在金泽开办了工坊factory zoomer。以创造玻璃餐具的新标准为主旨开展制作活动。每件作品她都精雕细琢，采用宙吹、切割、珐琅彩绘等表面装饰工艺，提倡向热爱生活的人供应有温度的玻璃制品。

津村　里佳
Tsumura Rika

凝聚了玻璃原有的美感和审美意识，
具有简约的造型和高贵感。

简介

用餐时刻、装饰花束……每日常见的光景中，这些
略微有些特殊的时刻应当如何度过？制作者希望顾
客能够想起"啊，还有那件器皿"，然后伸出手，
把她制作的玻璃器皿拿出来使用。

www.tsumurarika.com

akir_t

TOUMEI

独特的色调和造型，激发出玻璃的表现力。

www.toumei-glass.com

toumei_fuku

简介

TOUMEI 是一家开设在福冈县的玻璃装饰品品牌。这里售卖手工制作的生活中常用的花瓶、杯子乃至灯具等玻璃制品。TOUMEI 的宗旨是通过激发出玻璃的表现力，制作出造型简约、设计独特的产品。

奈赫曼

采用传承已久的技术制造，
拥有美丽花纹的水晶玻璃。

简介

奈赫曼（Nachtmann）是在 1834 年诞生于德国拜恩州
的品牌，其高超的玻璃制造技术传承了 180 余年。奈赫
曼商品的特点是种类丰富、对潮流敏感、设计精美而有
现代感。该品牌在全世界收获了高度的评价。

🖥 www.nachtmann.co.jp

📷 nachtmann_japan

nichinichi

采用复古材料组合制作，洋溢着玻璃特性的配饰。

🖥 nichinichi-shop.com

📷 nichinichi

简介

nichinichi 设计不会喧宾夺主，但能够给佩戴者留下深刻印象的玻璃配饰。

能登 朝奈
Noto Asana

糖浆状的质地与黏土完美搭配，精心制作出玻璃器具。

简介

能登朝奈在东京玻璃工艺研究所与脱模蜡制玻璃工艺邂逅。由于喜欢古物，这种技术简直是为她量身定制的。能登朝奈喜欢制作日用品，以制造让人珍惜的物件为目标开展工作。

noto_asana

波多野 裕子
Hatano Hiroko

采用窑烧制作的玻璃制品，
具有浓淡相宜的色彩与柔和的形状。

hiroko_hatano

※波多野裕子会在展览会上
销售自己的产品，展览会的
日程可以在照片墙上确认。

简介

波多野裕子曾经是一名陶艺师，因此她的许多作品的原
型都采用陶轮制作，在烧制成形后还要刮净表面才能完
成。波多野裕子希望使用者能够喜欢上这种色彩朦胧、
纹理模糊的，随着摆放位置改变会给人不同印象的外观。

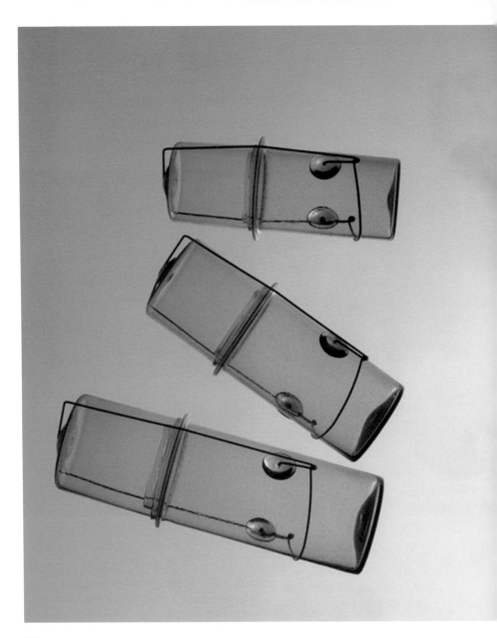

彼得·艾维

独具美丽造型的手工吹制玻璃，
满足日常生活的需要。

peterivy.com

peterivy.flowlab

简介

创始人彼得·艾维出生于美国，在富山县的工坊"流动研究所"开展工作，作品涵盖从艺术作品到日用器具等各种类型。彼得·艾维重视感觉和日常生活经验的积累，从使用者的视角出发，使用吹制技术，制作出能够满足日常生活需要的作品，他的作品中表现出手工吹制玻璃独有的美丽轮廓和细节。

广田硝子

让乳白硝子、江户切子等传统玻璃工艺的特色
在现代复苏。

简介

广田硝子于 1899 年在东京创立，是东京历史最悠久的硝子
厂之一。该品牌以创业以来传承至今的贵重设计资料为基
础，持续进行着江户切子、吹制玻璃等传统玻璃工艺品的制
作，作品与现代室内装潢和谐共存。

www.hirota-glass.co.jp

hirotaglass

bubun（阵惠美和阵信行）

用粒状的玻璃排列出仿佛悬空一般的清新玻璃首饰。

bubun.works
bubun.works

简介

bubun 是由阵惠美和阵信行组建的玻璃珠宝工作室。品牌名字饱含着希望作品被人们长期佩戴、成为佩戴者自身的一部分的期冀。bubun 一直在探索玻璃的各种可能性。

fresco

玻璃之美需要通过人们在日常生活中的使用
才能圆满。

www.studio-fresco.com

studio_fresco

简介

2005 年，吹制玻璃工坊 fresco 在大阪和泉市成立。
其代表是玻璃制作者辻野刚。fresco 既关注人们对
于品牌的信赖感，又重视手工制品的原创性，提出
了许多适合现代生活环境的玻璃创作构想。

FLASKA

手工玻璃营造出美丽的氛围感，
单独展示也是一道风景。

简介

FLASKA 是一个精心制作吹制玻璃器具的品牌，制作各种各
样的玻璃产品。FLASKA 一直致力于制作能够让人感受到手
工艺的独特质感的玻璃制品以及可供顾客长久使用的日常用
品。如今人们都说选择什么样的物件就说明自己是什么样的
人，FLASKA 认同这种理念，并将之贯穿于工作中。

www.FlaskaGlass.com
flaska_glass

亨利·迪恩

制作能够与花儿完美搭配、适合插花、
造型简约而生动、具有鲜艳色彩的花瓶。

📖 www.tistou.jp/henrydean

📷 henrydean_japan

简介

亨利·迪恩（Henry Dean）是由热爱阅读、旅行、现代艺
术和玻璃艺术的亨利·迪恩在比利时创办的花瓶品牌。其中
"迪恩花朵"（DeanFlowers）系列产品设计凸显"与花儿的
每一天"的概念，受到世界各地花店的广泛认可。

matsurica

让人回味的表面触感与色调，
每天都呈现出不同的面貌。

简介

matsurica 以"可穿戴的玻璃"为主题制作玻璃珠
宝，重视玻璃雕刻工艺所产生的细微凹凸质感和形
状差异，以及手工艺品特有的触感。该品牌希望每
一件小小的玻璃制品都能在顾客手中发光发热。

🖵 www.matsuricaglass.com

📷 matsurica__

La Soufflerie

以再生玻璃为主要材料，
制作具有怀旧感的美丽玻璃器具。

图片拍摄：
安杰耐特·梅西
（Anjeanette Massey）

www.hpfrance.com/brand/lasoufflerie

lasoufflerie

简介

La Soufflerie 的工坊开在巴黎，是一个主营手工吹制玻璃器具的品牌。该品牌由一对夫妇在 2007 年创立，他们是有20 年玻璃制造经验的吹制玻璃匠人。设计师是雕塑模型制作者塞巴斯蒂安·诺比莱（Sébastien Nobile）。该品牌主营传统而具有怀旧感的美丽吹制玻璃器具。

醴铎

与世界各地的酿酒师合作，制作能够充分发挥
葡萄酒香味和口感的酒杯。

简介

醴铎关注用不同酒杯饮用同一种葡萄酒时口感和香
味的变化，与世界各地的葡萄酒酿酒师合作，制作
出各种各样搭配不同葡萄酒的酒杯。

www.riedel.co.jp

riedelginza

ROUSSEAU

简单的造型中藏着立体与几何的魅力。

🖥 rousseau.jp

📷 rousseau＿＿＿

※ 每年于ENCOUNTER Madu Aoyama 开办个人展览。

简介

ROUSSEAU 从植物与矿物等体现的自然秩序之美中获取灵感，一点点地通过手工制作玻璃制品——制作如花瓶、镜子、盒子等能够让人感受到自然造型之美的生活物件。

1 彼得·艾维先生

问：创作作品的时候，你最看重的是什么？

技术、设计，以及使用这件东西时的感受，这三者的平衡是我最看重的。所谓使用时的感受由物件的功能和实用性决定。这三者中少了任何一样，我都不会开始创作。

此外，比起定式，我更看重自己的感觉。我会尝试使用自己的作品，如果感到功能存在不足，就会重新制作。在这个重复过程中，我会不断思考是否还有可改进的地方，持续尝试改进和创作。

问：有没有什么能够向读者推荐的玻璃器皿使用方法呢？

对我来说，器皿是将人与物品连接起来的媒介，是一种类似"平台"的东西。只有在被人使用后，一件器皿才算真正完成了。器皿的使用方法不应该被限制，而应该根据自己的感觉随意使用。

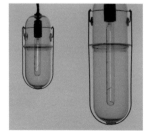

2 黑川 登纪子女士

问：开始创作玻璃作品的契机是什么？

在美术大学学习油画时，我在一个艺术节上邂逅了一件透明的塑料作品。我觉得这与我一直以来的作品性质完全相反。我的创作方向渐渐变了，现在回想起来，这件事应该就是契机之一。

问：创作作品的时候，你最看重的是什么？

将浮现在脑海中的色彩和印象立刻制作出来——我重视感觉。（笑）

问：您在生活中怎样使用玻璃制品？

我通常会把自己的作品当餐具用，然后把其他创作者的作品用来观赏。我最喜欢的玻璃用具是杯子。

问：有没有什么能够给读者推荐的玻璃用具使用方法呢？

我喜欢直筒型的杯子，无论是制作还是使用——我沉迷于将沙拉装进直筒杯中食用。用直筒杯子吃沙拉非常方便，推荐给大家。

葡萄酒杯 / 醴铎

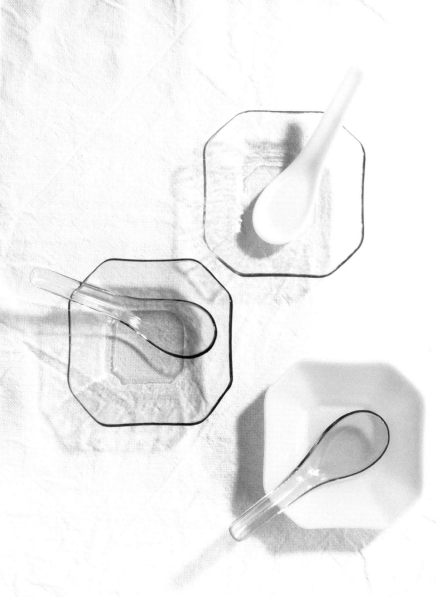

盘子、汤勺／池谷三奈美

专栏

让人乐享玻璃之美的基础知识

2

前文介绍了玻璃的历史、
工艺和保养方法等最基础的知识。
这章将为大家介绍一些"只闻其名"的玻璃，
以及值得参观的玻璃美术馆。

日本的玻璃

日本的玻璃制造业始于奈良时代（710~794年），此后，玻璃的制造技术曾经失传。直到 16 世纪后，随着基督教传入日本，玻璃的制造技术也再次传入。此后，日本各地都开始制作玻璃，并发展出日本独有的和玻璃。接下来为大家介绍一些日本传统玻璃工艺品。

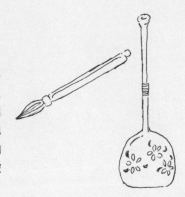

小樽玻璃

小樽的玻璃制品十分出名，此地有"玻璃镇"的美誉。明治中期，电灯在北海道还没有普及，因此，玻璃制的石油灯是当地的必需品。此外，当时还是鲱鱼捕捞的全盛期，因此，玻璃浮漂球需求很大，以玻璃灯具和浮漂球制造为主的小樽玻璃业兴盛发展。此后，小樽的玻璃制作家们重新审视了玻璃制品的设计、色彩等元素，制作出许多实用品以外的物件。

津轻和玻璃

在原料中添加津轻地区的七里长滨的砂制作出的深绿色玻璃（现在不再用七里长滨的砂）。诞生于原本主要制作渔具用的浮漂球的北洋硝子厂，在制作过程中，宙吹的技法不断成熟完善，制作出能够体现青森县的自然感的玻璃，这就是津轻和玻璃。如今，津轻和玻璃不只有绿色，还新开发出蓝、红、黄、白、黑等各种颜色的产品。

江户切子

在江户硝子的基础上，采用切子工艺加工的玻璃就叫作江户切子。切子是一种玻璃的装饰法，最早时候采用金刚砂在玻璃的表面雕刻。江户切子有许多传统的图样，其中有做成连续的鱼鳞形的"鱼子"，看起来像个篮子一样的"六角篮目""八角篮目""四角篮目"，形似植物的"菊纹""麻叶"，以及传统图案"矢来""七宝"等。

江户硝子

江户硝子发源于江户时代，最早多制作镜子、眼镜、发簪、风铃等大众使用的日用品。守护这种工艺的匠人们制作了一件又一件江户硝子。江户硝子设计独到，每一件都如此独一无二，蕴含着手工制品的温度和深度。如今，在东京的江户川区、墨田区、江东区等周边地区都有江户硝子的制作工厂，继承了传统的工艺，采用宙吹法、模具吹制、压制法等工艺制作。

肥前和玻璃

肥前和玻璃精炼厂设在现在的佐贺县多布施川周边，早年间玻璃窑还很少见，主要生产窑烧的烧杯烧瓶等。此后，在明治维新时期，业务范围拓展到了灯具和餐具。肥前生产的知名酒具肥前瓶的特征是其独有的瓶口形状，这种形状是采用所谓的日本吹管吹制而成的。肥前和玻璃表面光滑，其制品被视为一种高档玻璃制品。

长崎和玻璃

长崎曾经因与荷兰、葡萄牙通商而繁荣。在那里，装着彩绘玻璃的教堂与欧式建筑鳞次栉比，玻璃制品也在当时传入。因此，长崎是最早掌握玻璃制造工艺的地方，此后技术又普及日本全国。采用薄玻璃制作，能够发出轻快声音的玩具玻璃吹球"poppen"很受人们欢迎，因此，长崎和玻璃在当地也被称作"poppen"。

萨摩切子

玻璃制造业在 1851 年取得了飞跃式的进步，鹿儿岛城中开发出了红、蓝、紫、绿等染色玻璃的染色法。其中最受人们好评的是以日本首次开发成功的红色玻璃染色法制作的"萨摩红玻璃"。可惜在明治时期西南战争中，萨摩切子的技术一度失传。100 年之后，人们通过资料复原出了这种技术，萨摩切子的特点是在透明与不透明之间的渐变"洇染"色调。

琉球玻璃

琉球玻璃最早采用二战后驻日美军用过的可乐瓶、啤酒瓶等染色玻璃制造。设计中自然地运用了玻璃内部的气泡和厚重感，做出富有温度感的玻璃制品，受到人们的喜爱，还成了美军相关人员带回国内的人气土特产。潜移默化中，琉球玻璃变成了一种与冲绳当地气候和风土人情相关的独特玻璃制品，因此得名琉球玻璃。琉球玻璃采用宙吹法制作。

玻璃笔

于 1902 年在日本发明，用笔尖蘸墨水使用。笔尖雕有细小的凹槽，可以吸收并储存墨水用于书写。因为书写流畅和墨水储存时间长，在海外广受欢迎。早期玻璃笔只有笔尖由玻璃制成，后来又开发出从笔尖到笔杆全部由玻璃制成的玻璃笔。玻璃特有的优雅和高级感也为玻璃笔的设计博来一片喝彩。

世界各地的玻璃

中世纪以后，欧洲引领世界玻璃产业发展。以欧洲为中心，玻璃产业不断兴旺发达，其中最具代表性的是教堂的彩绘玻璃、鲜艳的威尼斯玻璃等。玻璃的鲜艳程度、色调、样式等在不同国家中各有不同。每一件玻璃制品中，都包含着代代相传的传统工艺。

波希米亚玻璃

12 世纪左右，波希米亚地区的玻璃工艺蓬勃发展。13 世纪前后，又使用木灰制造出了透明度极高的玻璃。波希米亚玻璃的特征是其水晶一般的纯净感、坚硬度和透明度，适合用电动工具雕刻。波希米亚玻璃采用宝石切割技术，雕刻出精致而美丽的图样。

威尼斯玻璃

因为十字军东征，威尼斯成了东方玻璃容器的中转站。13 世纪，玻璃工艺急速发展，因为保护政策有力，玻璃工匠们移居到穆拉诺岛，在那里制造出优秀的玻璃器具，因此威尼斯玻璃也被叫作"穆拉诺玻璃"。威尼斯玻璃的特征是色彩繁多、装饰价值高、制作技术先进。

北欧玻璃

北欧玻璃设计感强,外形简约,适合日常生活中使用,材质结实。其中代表性的有欧洲最古老的玻璃工坊珂斯塔(瑞典)、在日本人气很高的伊塔拉(芬兰)以及以制造花瓶闻名的霍尔姆加德(丹麦)等品牌。瑞典南部有一片玻璃工厂密集的工业区,制作各种可以用作室内装潢的摆件。

美国玻璃

美国玻璃的代表有奶玻璃和玻璃花。其中,火王(Fire King)生产的仿古玻璃中的奶玻璃很受欢迎,这种玻璃外观通透,质感柔和,最具代表性的颜色是一种被称作"硬玉"(Jadeite)的翡翠色。此外,还有在哈佛自然历史博物馆展示的植物形状的玻璃花,这件玻璃植物模型是在 100 多年前由布拉斯卡父子倾注心血制作的。

玻璃珠

珠子有很多种,由玻璃制成的就是玻璃珠。玻璃珠有各种各样的尺寸和形状,有些呈球形,有些呈柱形。制作工序是先将玻璃原料与染色料混合,制成细长的玻璃棒,再切割出不同大小形状的珠子,之后再加热塑形,调整色彩和光泽度。目前,日本只剩下 3 家还在生产玻璃珠的公司。

玻璃与镜子

1835 年,德国人冯·李比希(Justus Von Liebig)开发出了一种将银涂抹到玻璃表面的方法。如今,镜子已经实现了机械化批量生产,但是镀银工艺从 19 世纪以来一直没有改变过。据说镜子是在室町时代(1336~1573 年)后期由圣弗朗西斯·泽维尔(St.Francis Xavier)带入日本的。日本制造玻璃镜子的历史可以追溯到 18 世纪下半叶,还制造出了带有把手的小型手持镜。

玻璃巡礼

日本各地的玻璃美术馆

　　日本各地都有玻璃美术馆，旅行或者出门的时候不妨前往参观。

　　玻璃美术馆的建筑细节考究，整体空间令人舒心，其中展陈的作品也能让人获得内心的治愈。接下来为大家推荐一些玻璃美术馆，每一个美术馆展出的主题和内容都各不相同，如果有感兴趣的，不妨参观。

　　其中有些美术馆设有庭院和餐厅，室外有大型玻璃作品展示，能让你感受到与室内展陈完全不同的闪耀感。

　　通常，玻璃美术馆的所在地都设有专门展示玻璃工艺品的区域，开展向人们普及玻璃的相关知识和推广玻璃的活动，有的时候还会开展可以轻松参与的玻璃工坊活动。

箱根玻璃之森美术馆

日本最早的专业威尼斯玻璃美术馆，也是最早展示威尼斯玻璃的现代玻璃美术馆。从形似古代欧洲贵族别墅的欧式建筑，到门厅处镶嵌 16 万颗水晶玻璃的拱门"光之回廊"，在玻璃之森美术馆，你能够与华美邂逅。这里展示着来自全世界的各种玻璃作品，还能够亲自体验玻璃的制作过程。

http://hakone-garasunomori.jp/

富山市玻璃美术馆

富山市玻璃美术馆位于建筑师隈研吾设计的"TOYAMA KIRARI"内。富山市一直提倡打造"玻璃之城富山"，并致力于培养玻璃工匠和发展玻璃产业化。美术馆中不只有以当代玻璃工艺为主题的展览，还会举办许多其他展览，还展有当代玻璃艺术巨匠戴尔·奇胡利的装置艺术作品。

http://toyama-glass-art-museum.jp/

石川县能登岛玻璃美术馆

石川县能登岛玻璃艺术馆藏有世界各国玻璃制作者的作品，包含玻璃雕刻的西式庭院、枯山水的日式庭院等西式艺术与和风艺术碰撞的作品。这座美术馆立于丰饶的自然中，依据风水中的"四神相应"理念建造，是当地的标志建筑。

http://nanao-af.jp/glass/

那须彩绘玻璃美术馆

那须彩绘玻璃美术馆主体建筑是一幢石制庄园，身处其中，能让人忘记自己身在日本。在这里可以欣赏到 19 世纪左右的复古彩绘玻璃、圣拉斐尔教堂的彩绘玻璃、古董管风琴的现场演奏、八音盒奏出的音色……其中种种美好，都让人超脱日常之外。

http://sgm-nasu.com/

道后钻石玻璃美术馆

道后钻石玻璃美术馆中陈展了以振鹭阁的红板玻璃为代表的江户时代稀有钻石玻璃、和玻璃以及其他贵重玻璃工艺品。在庭院中布置着玻璃制品，夜间会点亮彩灯，营造出梦幻般的空间。此外还有供应意大利美食的附属咖啡厅。

http://www.dogo-yamanote.com/gardenplace/museum/

盘子 / 黑川登纪子、fresco

夜间的直筒玻璃罐 / 左藤玲朗

参考文献

『【カラー版】世界ガラス工芸史』中山公男 監修（美術出版社）

『ガラス工芸─歴史と技法─』由水常雄 著（桜楓社）

『ガラス工芸ノート』早坂優子 著（視覚デザイン研究所）

『日本のガラス』土屋良雄 著（図書出版 紫紅社）

『おもしろサイエンス ガラスの科学』ニューガラスフォーラム 著（日刊工業新聞社）

『美しい和のガラス』齊藤晴子、井上曉子 著（誠文堂新光社）